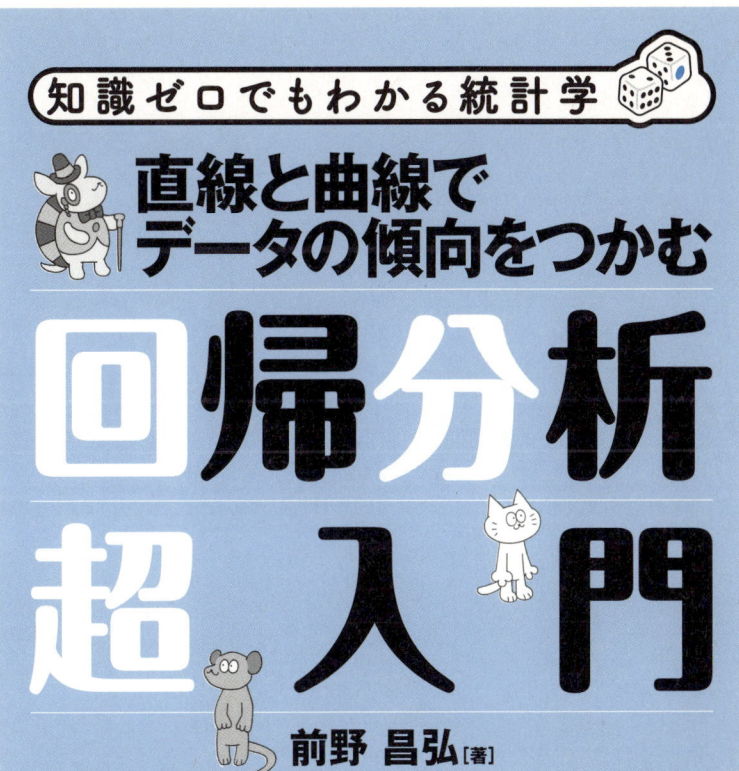

まえがき

　超入門シリーズの第3巻としての本書は、前巻と同様、難しい統計学の基本をできるかぎりやさしく解説した超入門書です。本シリーズでは、一貫して難しい数学記号による理論式は使用せず、平易な日常語を使って説明し、公式化、マニュアル化することによって容易に統計学の基本を理解し応用できるように配慮して記述しました。

　また、本書において必要な計算はほとんどが小学校で習う加減乗除で事足ります。なじみにくい統計用語は必要最小限に抑え、その意味は随所に繰り返し解説してなじんでいただくように心がけました。

　本書が実務の際に常に身近に置いて活用され、よき伴侶となることを願っております。

2011年晩秋

前野昌弘

知識ゼロでもわかる統計学
『直線と曲線でデータの傾向をつかむ
回帰分析超入門』
目　次

まえがき　3

キャラクター紹介　7

第1章
対応しているデータから予測する回帰分析　9

- 1-1　相関係数とは？　10
- 1-2　順位相関係数　35

第 2 章

回帰式と回帰直線　　45

- **2-1** 相関係数と回帰直線　46
- **Column** "回帰"という言葉の意味　53
- **2-2** 曲線で回帰分析　56
- **Column** "自由度"とは　70
- **2-3** 重回帰分析　71
- **Column** 多変量解析　81
- **2-4** 決定係数 ―回帰方程式の精度を表す指標―　82

第 3 章

実験計画法と分散分析　　87

- **3-1** 誤差と実験　88
- **Column** 統計的検定の手順　102
- **Column** 検定に使われる分布　103

| 3-2 | ラテン方格で因子を調べる 104

| 3-3 | 直交配列表の作り方 116

| 3-4 | 2^3型直交表 125

Column 実験計画法のまとめ 138

Column 統計用語の要約 139

付録 141

参考文献 147

索引 148

著者プロフィール 151

キャラクター紹介

アリマ先生

アルマジロ。哺乳類。
統計学のことならなんでも知っていて、統計学の生き字引と言われている。
データを変幻自在に操り、統計学の質問にならなんでもこたえてくれるので、慕われている。
ときどきおっちょこちょいなところも見せる。

ねこすけ

ねこ。
最近新聞やテレビを見るようになり、数字、データ、統計に関心を持ち始め、いろいろなことに興味津々。
アリマ先生を慕い、弟子入りする。

アーミー

ミーアキャット。
ねこすけの友達。ねこすけに連れられ、アリマ先生のところに顔を出すもののいまいち統計にはなじめることができていない。

第 **1** 章

対応しているデータから予測する回帰分析

> 1-1 相関係数とは?
> 1-2 順位相関係数

相関係数とは？

相関の強さを表す値として相関係数があります。これは、正の相関が強ければ正の大きな値に、負の相関が強ければ負の大きな値に、相関が弱ければゼロに近い値になります。

さあ、どうぞ！

① 散布図

2つの異なるデータ、例えば、"身長xと体重y"や"数学の試験の成績xと英語の試験の成績y"の間に何らかの関係があるか？ということは、大変興味を引く問題です。また、"製品の値段xと販売台数y"や"宣伝費xと売上高y"というのも、企業にとっては極めて重要な問題です。

一般に、変量xと変量yの間に、xの値の変化に対応してyの値が変化するような関係があるとき、xとyの間には**相関関係がある**といいます。相関関係があるかないかを知るには、2つの変量x、yを組にして、点$(x、y)$を平面上にプロット（点を打つこと）します。このように2つの変量からなるデータを平面上に図示したものを**散布図**、あるいは**相関図**といいます。たとえば、次の表は10人の生徒の数学の試験と英語の試験の成績です。データの散布図は表の下のようになります。この散布図から、この10人の生徒の数学と英語の成績の間には、数学の成績が上がると、英語の成績も向上するという傾向が見られます。

表　10人の生徒の数学と英語の成績

	1	2	3	4	5	6	7	8	9	10
数学	40	30	40	50	60	50	70	89	90	90
英語	60	50	50	70	60	80	90	100	70	90

散布図にすると…

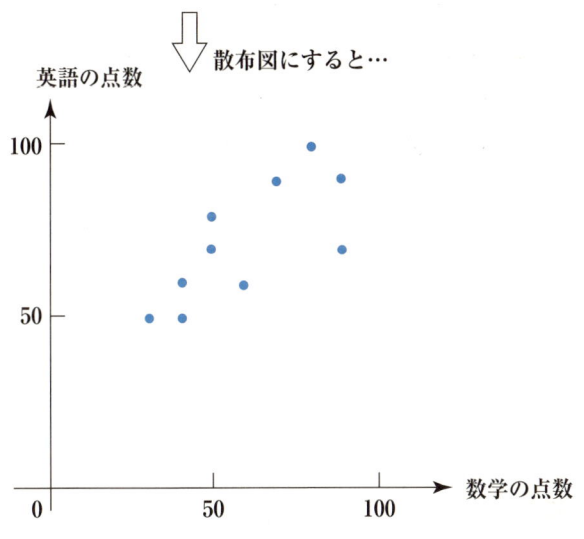

 ある原因によって結果が生じるときに、これを"相関関係がある"っていうんですね。

 そのとおりじゃが、厳密にいうと誤りなのじゃ。

 え、どういうことですか。

 そうじゃ。これは計量値に対していえることであって、計数値に対してはいえないのじゃ。

計量値とか計数値ってなんですか？どうちがうんですか？

　統計を考える場合には使い分けが必要じゃ。説明しておこう。

　統計資料を得るには、まず調査対象と調査項目を決めます。例として、次の質問に対する回答から得られる資料を用います。

　　　　質問：次の中でどれが一番好きですか？
　　　　1．和食　2．洋食　3．中華料理

この調査から次のような結果が得られました。

名前	回答番号
A	3
B	1
C	2
D	2
E	1

　この表のように、何の加工もせずまとめたものを**個票**、個々の構成要素を**個体**といいます。個票には具体的な名前や番号でその個体名を表示します。
　この資料を作るために調査された項目は、上の例でいうと、回答番号です。この回答番号が統計の分析対象になります。調査項目は、個体によって異なる値をとるので、**変数**といいます。変数の具体的な値を**データ**といいます。上の表では、回答番号が変数、名前が個体名です。Bさんの回答番号が1なので、その「1」がデータです。

1-1 相関係数とは？

データが測れるかどうかというのが計量値、計数値の分かれ目です。統計では、計量値を**数量データ**、計数値を**カテゴリーデータ**ともいいます。

図　測れるデータと測れないデータ

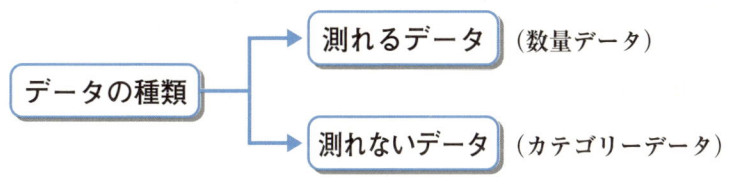

数量データとカテゴリーデータにはどんな例があるんですか？

数量データは、たとえば、人間の身長じゃ。165.3cm、170.5cmというふうに計測できるじゃろ。ほかにも、気温、湿度、重さ、長さのように単位をもっているものがそうじゃ。

じゃあ、たくさんありますね。メジャーを使うものが計量値ですか？

おー、いいことに気がついたのお。そう思ってくれてよろしい。メジャーの目盛は等間隔、いいかえれば連続の数になっておる。

カテゴリーデータは測れないんですよね。イメージつきません。

値が連続じゃなくて飛び飛びなんじゃ。難しい言葉でいうと、離散的ということじゃ。さっきの①好き、②嫌いなんていうのは、具体的にいくつっていえんじゃろ？ 1.5とか1.7とかできんの

じゃ。

アンケートで出てくるんですか？

そうじゃな。カテゴリーデータの特徴は、対象の性質を表したり、現象を表したり、区別を表したりすることじゃ。

> **ポイント**
> ・数量データ（測れるデータ）
>   身長、体重、ウエスト、年齢、気温など、メジャーで測ることができるもの
>
> ・カテゴリーデータ（測ることができないデータ）
>   性別、好き・嫌い、うまい・まずい、おもしろい・つまらないなどあるものの性質や現象を表すもの

10人の学生について、一人ずつ身長（cm）と体重（kg）を測ったところ、次のようなデータが得られました。

身長	176	170	163	173	170	171	165	170	176	156
体重	61	73	54	65	67	62	51	57	77	43

さて、何が読み取れるでしょうか。

10組の身長と体重のデータを見ると、背が高い人ほど体重があるように予想されます。この関係が正しいかどうか、図を描いて確かめてみましょう。次の図は、身長を横座標、体重を縦座標として、上の10組のデータをそれぞれ $x-y$ 座標上の点で表したものです。

1-1 相関係数とは？

図　身長と体重の相関図

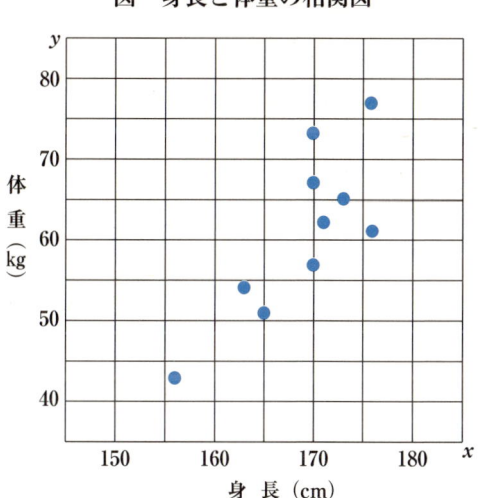

対応しているデータから予測する回帰分析

　2つの変量、身長と体重の相関図（散布図）より、身長が増加すれば、体重も増加するという関係で、正の相関のあることがわかります。

親子の関連を見てみましょう。親の身長が高ければ、だいたいにおいて、子の身長も高いといえるでしょうか。

子どもの身長は親の身長に関連があるかどうかですね？

そうじゃ。だいたいにおいて"親の身長と子の身長とは相関関係にある"といえる。

　一方、全く関係のないことを**無相関**といいます。私たちの世界は、すべ

てが関係の世界であり、私たちのもつ知識の大半は相関を求めることが多いです。

❷ 相関の強弱

　相関は、少し前までは統計数学の一部としてごく簡単に紹介されている指標の1つに過ぎず、その応用範囲も限られていました。ところが近年になって、相関を応用したビジネスの世界、すなわち社会科学が急速に開発され、利用され始めたのです。それに伴って相関の地位が向上し、従来の相関では対応しきれない問題を解決するための別のタイプの相関も注目を集めるようになりました。

　では、相関とは何でしょうか。語感からいえば、"互いに関係がある"ことです。もう少し具体的に考えてみましょう。次の図を見てください。

1-1 相関係数とは？

図　相関の正負と強さ

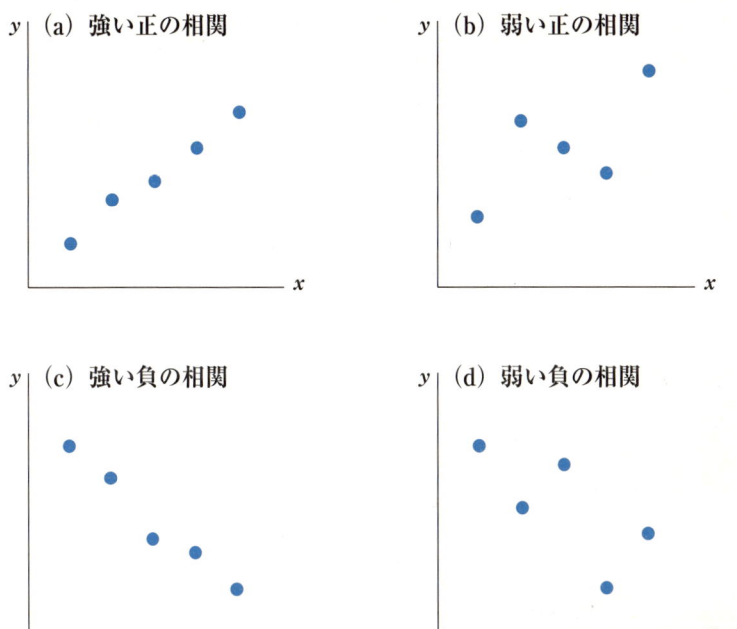

①左上の（a）：5つの黒点が並んでいて、xが大きいときにはyも大きいことを示しているので、xとyの間には**正の相関がある**といい、しかも5つの黒点は、ほとんど一直線上に並んでいます。このとき**相関が強い**といいます。つまり、（a）は"強い正の相関"を表しているのです。

②右上の（b）：右上がりの傾向がぼんやりとは認められるものの、その傾向は（a）のときほどはっきりしていません。このときは**弱い正の相関がある**といいます。

③左下の（c）：5つの黒点が右下がりに並んでいます。したがって、xが大きくなると、yは小さくなっていきます。こういうとき、xとyの間には

負の相関があるといいます。すなわち、(c) は**強い負の相関がある**ことを示しています。

④右下の (d)：いくらか右下がりの傾向が見られますが、その傾向はぼんやりとしています。したがって (d) は、"弱い負の相関を表している" ことになります。

　なお、データを示す黒点に、右上がりの傾向も、右下がりの傾向も見られないようなら、それは両者の間に「相関が認められない」ことを意味します。

これまでの話で、相関の正と負、強と弱についてはよくわかりました。このうち正と負は問題ありませんが、強と弱のほうは程度がアイマイで、あまり科学的とはいえませんね。

そのとおりじゃ。そこで、相関の強さを数値で表すための約束事を紹介しよう。

どうやって"相関の強さ"を表すか教えてください。

　　　相関がまったくないときには0
　　　これ以上はあり得ない正の相関があるときには1

になるように、相関の強さを表すことにします。いいかえれば、"まったく起こる可能性がないときの確率が0、必ず起こるときの確率が1" とするのです。ただし、確率にはマイナスがありませんが、相関には「負の相関」があります。そこで、負の方向に対しても相関がまったくないときに0、これ以上あり得ないほど強い負の相関があるときには（−1）になる

ように、相関の強さを表します。まとめると次のようになります。

> **まとめ**
> 完璧な負の相関～相関なし～完璧な正の相関
> 　　−1　　　～　0　～　　　1

次に求める相関係数（r）を言葉で表すと、次のようになります。

$0 ≦ r ≦ 0.2$　　⇔　　ほとんど相関がない
$0.2 ≦ r ≦ 0.4$　　⇔　　やや相関がある
$0.4 ≦ r ≦ 0.7$　　⇔　　かなり相関がある
$0.7 ≦ r ≦ 1$　　⇔　　強い相関がある

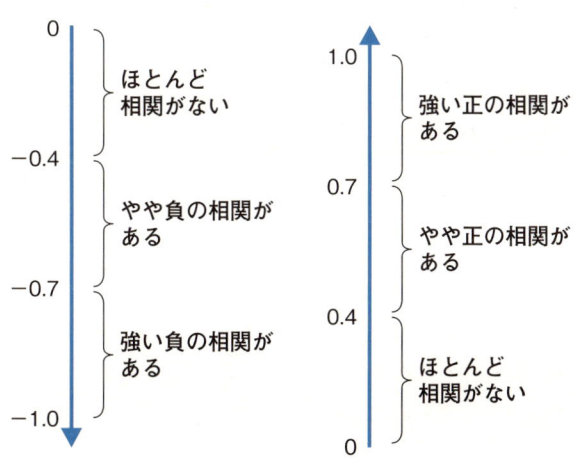

3 相関係数

　相関の強さを表す相関係数は、統計用語では**ピアソンの積率相関係数**といいます。単に相関係数といった場合、この値を指すのが一般的です。
　先に紹介した散布図では、2つのデータの関係を直感的につかむことができました。2つの変数にどれくらい直線的な関係があるかを調べるとき、散布図は大きな助けとなりますが、数量的な指標で根拠を示したくなります。それが、これから説明する**相関係数**です。

①共分散とは

　あとから出てくる相関係数を求める際のキーワードとなる**共分散**からはじめましょう。2種類のデータを対象に、それらのデータの間にある関係の強さについて考えます。
　いま、2つの変数 x, y についての N 個のデータが

$$(x_1, y_1), \quad (x_2, y_2), \quad \cdots \quad (x_N, y_N)$$

であるとし、x, y の平均がそれぞれ $\bar{x}$, $\bar{y}$ であるとします。このとき、次の式で表す $S(x, y)$ を x と y の共分散と定義します。

$$S(x, y) = \frac{1}{N} \sum (x_i - \bar{x})(y_i - \bar{y})$$

1-1 相関係数とは？

> **公式**
> 共分散 = $\dfrac{[(x\text{の各データ} - x\text{の平均値}) \times (y\text{の各データ} - y\text{の平均値})]\text{の和}}{\text{データ数}}$
>
> $ = \dfrac{[(x\text{の偏差}) \times (y\text{の偏差})]\text{の和}}{\text{データ数}}$
>
> $ = \dfrac{x\text{と}y\text{の偏差積の和}}{\text{データ数}}$

 式は難しそうじゃが、どうかな？ねこすけ。

 なんですか、この式。さっぱりわかりません。

 じゃあ、まず $x_i - \bar{x}$ や $y_i - \bar{y}$ が何を意味しているのか、見てみることにしよう。

実は、これは $(x_i - \bar{x}, y_i - \bar{y})$ と組にしてみるとイメージがわいてきます。次の図を見てみてください。点 O' $(\bar{x}, \bar{y})$ を新しい原点としたときの点 (x_i, y_i) の新しい座標を表しています。

図 原点を $\bar{x}$ 平行移動すると点 X_i の新しい座標は $x_i - \bar{x}$ となる

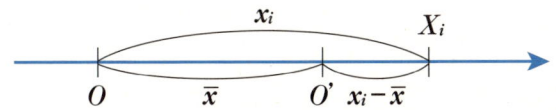

いま、x と y が正の相関にあるとしてみましょう。新しい座標 $(x_i - \bar{x}, y_i - \bar{y})$ で表された N 個の点の散布図は下のようになります。

図　正の相関がある場合、第Ⅰ、第Ⅲ象限に点が集中する

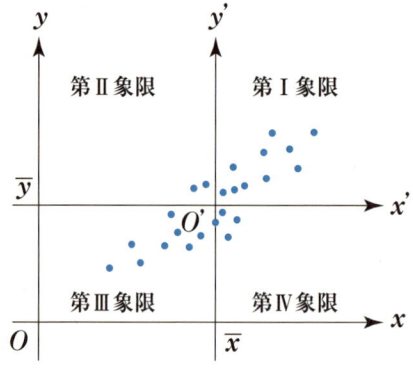

図　点P$(x_i - \bar{x}, y_i - \bar{y})$がどの象限に属すかで座標の正負が異なる

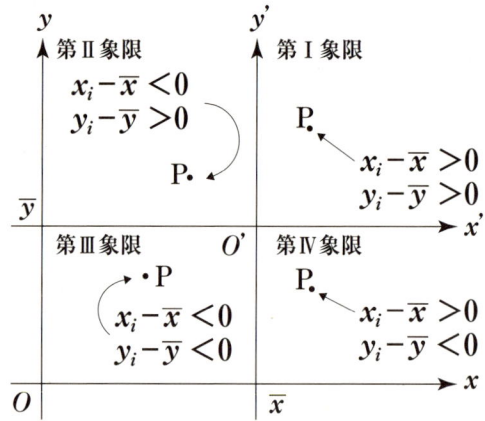

　これからわかるように、ほとんどの点は$x'\ y'$座標系で第Ⅰ象限と第Ⅲ象限にあります。点$(x_i - \bar{x}, y_i - \bar{y})$が各象限にあるときの$x$座標、$y$座標の符号は次のようになります。

> 第Ⅰ象限にあるとき……$x_i - \bar{x} > 0,\ y_i - \bar{y} > 0$
> 第Ⅱ象限にあるとき……$x_i - \bar{x} < 0,\ y_i - \bar{y} > 0$
> 第Ⅲ象限にあるとき……$x_i - \bar{x} < 0,\ y_i - \bar{y} < 0$
> 第Ⅳ象限にあるとき……$x_i - \bar{x} > 0,\ y_i - \bar{y} < 0$

このことから、変量xとyが正の相関にあるときは

$$(x_i - \bar{x})(y_i - \bar{y}) > 0$$

がほとんどのiで成り立ちます。したがって、xとyの共分散は$S(x, y) > 0$となります。同様にして、xとyが負の相関にあるときは$S(x, y) < 0$となることがわかります。相関がない場合は0に近くなります。

ケース1でやった身長と体重の関係の強さは次のような式で表されます。

公式

$$共分散 = \frac{(身長 - 平均身長) \times (体重 - 平均体重)の合計}{人数}$$

身長と体重の間に「背が高い人ほど体重がある」という関係があるとき、一人ひとりの身長と平均身長との差が大きいほど、体重と平均体重との差も大きいと考えられます。すると、(身長－平均身長)と(体重－平均体重)の積も平均的に大きくなるはずです。つまり、すべての人について計算した(身長－平均身長)×(体重－平均体重)を合計し、その合計を人数で割って求めた平均値は身長と体重の間にある関係の強さを表すと考えます。この平均値がまさしく身長と体重の共分散です。

共分散を身長の標準偏差と体重の標準偏差の積で割った値が身長と体重の相関係数です。

---公式---
$$相関係数 = \frac{身長と体重の共分散}{身長の標準偏差 \times 体重の標準偏差}$$

上の公式の分子と分母を詳しく見てみましょう。相関係数を求める一般公式が導かれます。

$$相関係数 = \frac{身長と体重の共分散}{身長の標準偏差 \times 体重の標準偏差}$$

$$= \frac{(身長-平均身長) \times (体重-平均体重)の合計 \times \frac{1}{人数}}{\sqrt{(身長-平均身長)^2 の合計} \times \sqrt{(体重-平均体重)^2 の合計} \times \sqrt{\frac{1}{人数^2}}}$$

$$= \frac{身長の偏差平方和 \times 体重の偏差平方和}{\sqrt{(身長の偏差平方和) \times (体重の偏差平方和)}}$$

---相関係数を求める一般公式---
$$相関係数 = \frac{XYの偏差平方和}{\sqrt{(Xの偏差平方和) \times (Yの偏差平方和)}}$$

②相関係数の求め方

簡単な計算例でまず見てみましょう。

> 求め方:
> A:1、2、3
> B:2、2、5

1) A、Bそれぞれの平均値を出す

$$Aの平均：(1+2+3) \div 3 = 2$$
$$Bの平均：(2+2+5) \div 3 = 3$$

2) A、Bそれぞれの偏差を計算する

$$偏差 = 各データ - 平均値$$

Aの偏差：$(1-2)$、$(2-2)$、$(3-2)$ $= -1, 0, 1$
Bの偏差：$(2-3)$、$(2-3)$、$(5-3)$ $= -1, -1, 2$

3) A、Bの偏差をそれぞれ2乗する

$$Aの偏差の2乗 = 1, 0, 1$$
$$Bの偏差の2乗 = 1, 1, 4$$

4) A、Bの偏差同士の積を計算する

$$(Aの偏差) \times (Bの偏差) = 1, 0, 2$$

5) A、Bの偏差を2乗したものの合計を計算する

$$Aの偏差の2乗したものの合計 = 1 + 0 + 1 = 2$$
$$Bの偏差の2乗したものの合計 = 1 + 1 + 4 = 6$$

6）(Aの偏差)×(Bの偏差)の合計を計算する

$$1 + 0 + 2 = 3$$

以上の計算を表にすると次のようになります。

表　計算表

	A	偏差	偏差^2	B	偏差	偏差^2	AB偏差の積
	1	−1	1	2	−1	1	1
	2	0	0	2	−1	1	0
	3	1	1	5	2	4	2
合計	6	0	2	9	0	6	3

7）相関係数は次の公式で求められる

$$相関係数 = \frac{[(A - Aの平均値) \times (B - Bの平均値)]の和}{\sqrt{(A - Aの平均値)^2の和 \times (B - Bの平均値)^2の和}}$$

上の例の相関係数は、公式に代入すると次のようになります。

$$相関係数 = \frac{3}{\sqrt{2 \times 6}} = \frac{3}{\sqrt{12}} = 0.866$$

よって、正の強い相関といえます。

1-1 相関係数とは？

ケース3

ある工場での気温と不良品率の測定データから、どの程度の相関があるのかを調べてみましょう。

表　測定データ

x （気温℃）	y （不良品率%）	x	y	x	y
19	17	18	20	15	16
21	17	19	17	17	19
25	20	12	13	20	19
18	18	14	18	22	19
16	15	20	17	19	16
16	17	22	23	19	18
24	18	26	23	16	21
18	19	21	20	24	21
20	18	24	23	22	20
19	19	23	16	14	23
22	19	17	16		

ステップ1：散布図を作る

2つの測定値を対応させて組をグラフ上にプロットした散布図を描きます。ふつう、原因と思われるxを横軸とし、結果と思われるyを縦軸にします。

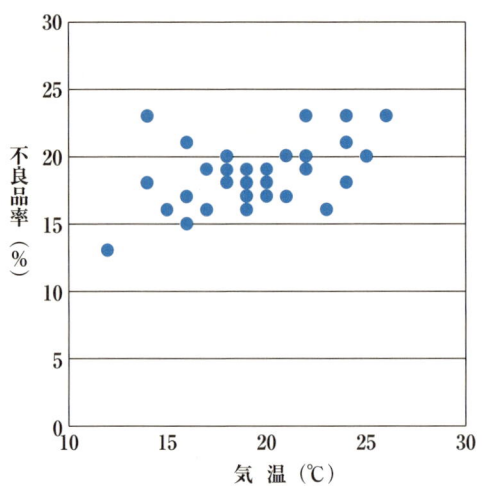

ステップ２：数値変換し、計算表を作る

計算しやすくするために、データから適当な数を引き、適当な数をかけて数値変換します。

$$X = x - 20$$
$$Y = y - 18$$

データ x、y を数値変換したデータを X、Y としてそれぞれの2乗 (X^2, Y^2) と相乗積 (XY) を計算し、それらの各和を求めて次の計算表に記入します。

表 計算表（測定データを数値変換）

No.	x	y	X	Y	X^2	Y^2	XY
1	19	17	−1	−1	1	1	1
2	21	17	1	−1	1	1	−1
3	25	20	5	2	25	4	10
4	18	18	−2	0	4	0	0
5	16	15	−4	−3	16	9	12
6	16	17	−4	−1	16	1	4
7	24	18	4	0	16	0	0
8	18	19	−2	1	4	1	−2
9	20	18	0	0	0	0	0
10	19	19	−1	1	1	1	−1
11	22	19	2	1	4	1	2
12	18	20	−2	2	4	4	−4
13	19	17	−1	−1	1	1	1
14	12	13	−8	−5	64	25	40
15	14	18	−6	0	36	0	0
16	20	17	0	−1	0	1	0
17	22	23	2	5	4	25	10
18	26	23	6	5	36	25	30
19	21	20	1	2	1	4	2
20	24	23	4	5	16	25	20
21	23	16	3	−2	9	4	−6
22	17	16	−3	−2	9	4	6
23	15	16	−5	−2	25	4	10
24	17	19	−3	1	9	1	−3
25	20	19	0	1	0	1	0
26	22	19	2	1	4	1	2
27	19	16	−1	−2	1	4	2
28	19	18	−1	0	1	0	0
29	16	21	−4	3	16	9	−12
30	24	21	4	3	16	9	12
31	22	20	2	2	4	4	4
32	14	23	−6	5	36	25	−30
和	622	595	−18	19	380	195	109

ステップ3：XYの偏差平方和を求める

次の式を使います。

```
公式
```
$$XY の偏差平方和 = XY の和 - \frac{(X の和) \times (Y の和)}{データ数}$$

$$XY の偏差平方和 = 109 - \frac{-18 \times 19}{32} = 119.69$$

ステップ4：XとYの偏差平方和を求める

次の式を使います。

```
公式
```
$$X の偏差平方和 = X^2 の和 - \frac{(X の和)^2}{データ数}$$

$$Y の偏差平方和 = Y^2 の和 - \frac{(Y の和)^2}{データ数}$$

$$X の偏差平方和 = 380 - \frac{(-18)^2}{32} = 369.9$$

$$Y の偏差平方和 = 195 - \frac{(19)^2}{32} = 183.7$$

ステップ5：相関係数を求める

```
公式
```
$$相関係数 = \frac{XY の偏差平方和}{\sqrt{(X の偏差平方和) \times (Y の偏差平方和)}}$$

これを使うと例では次のようになります。

$$\text{相関係数} = \frac{119.7}{\sqrt{369.9 \times 183.7}} = 0.459$$

ステップ6：相関係数を検定する

　計算された相関係数を検定するために、次の検定表の値と比較して、計算値（絶対値）のほうが大きければ「xとyとの間に相関関係がある」といえます。また、小さければ「xとyとの間に相関関係がない」ということになります。そして、計算値が0.05（5%）の値より大きいときは**有意**、0.01（1%）の値より大きいときは**高度に有意**といい、それぞれ相関係数の計算値の右肩に*や**をつけます。

　たとえば、試料数91の相関係数を計算の結果、0.473だったとしましょう。検定表より、自由90（90−1）の0.01（1%）の値は0.267です。よって、計算値のほうが表の値よりも大きいので「高度に有意！」と判断されます。

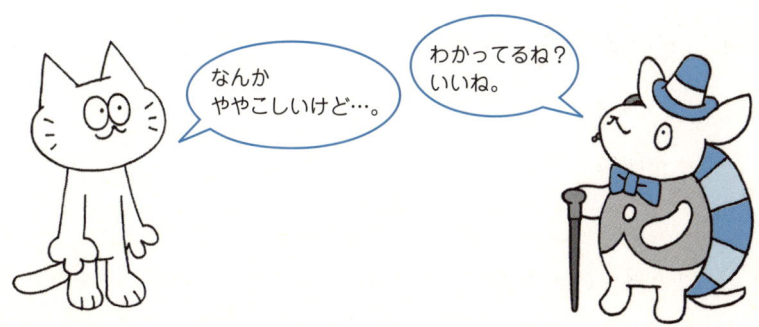

表　相関係数の検定表

自由度	0.05	0.01
10	0.576	0.708
11	0.553	0.684
12	0.532	0.661
13	0.514	0.641
14	0.497	0.623
15	0.482	0.606
16	0.468	0.590
17	0.456	0.575
18	0.444	0.561
19	0.433	0.549
20	0.423	0.537
25	0.381	0.487
30	0.349	0.449
35	0.325	0.418
40	0.304	0.393
50	0.273	0.354
60	0.250	0.325
70	0.232	0.302
80	0.217	0.283
90	0.205	0.267
100	0.195	0.254

　もう1つ例を挙げておきましょう。

　ケース3のデータの組数は32なので自由度は32 − 2 = 30です。自由度30は検定表より0.349（0.05）、0.449（0.01）です。相関関係の場合は、自由度は組数 − 2になることに注意しておきましょう。

　計算した相関係数は0.459で、その絶対値は1%（0.01）の値（= 0.449）よりも大きいので、高度に有意であり、「相関関係がある」と考えられま

す。最初に見た図表では、人間の目には「相関はない」と見えましたが、実は相関関係があったことになるのです。この辺が数学の強みです。なお、xが大きくなるとyも大きくなるので、右上がりの傾向です。

練習問題

次の表は大気汚染と水質汚濁における神奈川県の市別公害発見件数です。この表から、大気汚染件数と水質汚濁件数の間に相関があるかどうかを調べましょう。

表

	大気汚染 x	水質汚濁 y
横浜市	113	21
川崎市	64	4
横須賀市	16	2
平塚市	15	7
鎌倉市	15	5
藤沢市	16	1
小田原市	28	18
茅ヶ崎市	19	2
相模原市	30	9
厚木市	9	23
大和市	30	2
伊勢原市	7	14
海老名市	4	2
座間市	6	3

（略解）
まず、相関係数を調べます。

$$x\text{の平均値} = \frac{113 + 64 + 16 + \cdots + 4 + 6}{14} = 26.6$$

$$y\text{の平均値} = \frac{21 + 4 + 2 + \cdots + 2 + 3}{14} = 8.1$$

$$\text{相関係数} = \frac{(113 - 26.6)(21 - 8.1) + \cdots + (6 - 26.6)(3 - 8.1)}{\sqrt{(113 - 26.6)^2 + \cdots + (6 - 26.6)^2}\sqrt{(21 - 8.1)^2 + \cdots + (3 - 8.1)^2}}$$

$$= 0.361$$

仮説：無相関である。
対立仮説：相関がある。

$$\text{検定統計量} = \frac{0.361\sqrt{14 - 2}}{\sqrt{1 - 0.361^2}} = 1.438$$

有意水準を $\alpha = 0.01$ とすれば、棄却域は自由度 $14 - 2$ の t 分布から下の図のようになるので、仮説は棄却されません。したがって、大気汚染と水質汚濁について何らかの関係がありそうに思えましたが、実際は相関があるとはいえないということがわかりました。

図　有意水準0.01の棄却域

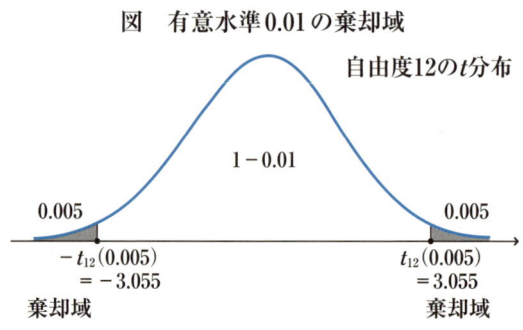

1-2 順位相関係数

相関係数の中でも、みなさんになじみのあるものがあります。順位やランクです。好きなものを順番に並べたり、テストの点数を比較したりしますね。そこで、2つのものについてどんな順位関係があり、相関があるのかを考えてみましょう。

さあ、どうぞ！

1 対応しているデータから予測する回帰分析

❶ スピアマンの順位相関係数

相関係数の話をするとき、よくたとえに使われる江戸小噺がある。聞いたことがあるかのう？

"風が吹けば桶屋が儲かる"という話でしょ。

そうじゃ！よく知っておるのお。こんな話じゃったな。

　風が吹くと、砂やほこりが飛びまわり、それで目を悪くして視力をなくしてしまう人が増える。すると、そういう人は三味線を弾いて街へ流しに行き、お金を稼ぐわけなので、三味線用のネコの皮が必要になる。次第にネコの数が減っていき、一方、ネズミが急に増えてしまう。そのネズミたちが桶をかじるので、それを直す桶屋が繁盛する。

このように、原因から結果が生まれ、相互に関係しあっていることを**相関**といいます。もう少し数学的にいうと、測定値の連続的な変化に対して、他の測定値が連続して変化する場合に、これらの間に**相関関係がある**というのでした。

　まずは手はじめに一番身近にある相関係数、順位相関係数からいこうかね。

　順位って、ランキングとかそういう順位のことですか？

　そうじゃ。美人コンテストの例でやってみよう。

ケース4

予選を勝ち抜いてきた美人が3人いたとしましょう。審査員A、B両氏がつける美人の順位の関係は、次表の（イ）〜（ヘ）の6通りあります。

AB両氏のつけるすべての順位の組合せ

（イ）		（ロ）		（ハ）		（ニ）		（ホ）		（ヘ）	
A	B	A	B	A	B	A	B	A	B	A	B
1	1	1	1	1	2	1	2	1	3	1	3
2	2	2	3	2	1	2	3	2	1	2	2
3	3	3	2	3	3	3	1	3	2	3	1

⬇

2つの順位の積和Vをつくってみる。
（イ）の場合の計算例を示すと、

$$
\begin{array}{rcl}
1 \times 1 &=& 1 \\
2 \times 2 &=& 4 \\
3 \times 3 &=& 9 \\ \hline
V &=& 14
\end{array}
$$

⬇

（イ）から（ヘ）までのVを計算すると次のようになる

（イ）の場合		14
（ロ）	〃	13
（ハ）	〃	13
（ニ）	〃	11
（ホ）	〃	11
（ヘ）	〃	10

1-2 順位相関係数

1 対応しているデータから予測する回帰分析

（イ）の場合は、A、B両氏の順位がまったく同順であり、（ヘ）の場合は、まったく逆です。そして（ロ）から（ホ）までの場合はその中間です。

　いまここで試しに次のような計算をしてみましょう。A、B両氏の順位を美人ごとに掛け合わせて、その合計を求めます。このようにして求めたVは、（イ）の場合が14で最大であり、（ヘ）の場合が10で最小、その他の場合はすべてこの最大値と最小値の間にあります。

　このようなVの値は、2つの順位の一致の程度を表すのに都合がよいのです。しかも、このような数学的特性は、美人が4人になっても5人になっても何人になっても通用します。

　さて、ここでこのVの性質を利用して、両氏の順位の一致の程度を示す尺度を導いてみましょう。Vの値は、美人の数が変わると、最大値も最小値も変わります。これを一般化して、美人の数をn人とすれば、最大値、最小値と中点の値は、表の最下行のようになります。

表　美人の数が変わったときのVの値

美人の数	V		
	最大値	最小値	中点の値
3人	14	10	12
4人	30	20	25
5人	55	35	45
6人	91	56	73.5
⋮			
n人	$\dfrac{n(n+1)(2n+1)}{6}$	$\dfrac{n(n+1)(n+2)}{6}$	$\dfrac{n(n+1)^2}{4}$

　美人の数に関係なく適用できる尺度として、最大値を＋1、最小値が－1、真ん中の点が0となるような尺度を作ることにしましょう。こうする

1-2 順位相関係数

と、この尺度は美人の数に関係なく、A、B両氏の順位がまったく同じときは＋1、まったく逆のときは－1であり、全く関係がないときには0になります。

上の表（A、B両氏のつける全ての順位の組み合わせ）にある6通りのうち、どれを取り上げても同じなので、ここでは（ロ）の場合でやってみましょう。

（ロ）のVの値は13です。また上の表（美人の数が変わったときのVの値）に示したように、美人の数が3人の場合のVの最大値は14、最小値は10、中点の値は12です。

次の2つの手続きを施してみましょう。

ステップ1：求める尺度の中点を0にするために、Vの値からVの中点の値を引く。

$$13 - 12 = 1$$

ステップ2：求める尺度の最大値が＋1、最小値が－1になるようにする。

これは、Vの最大値14を＋1に、最小値10を－1に対応させることに相当します。つまり、14と10との差4を、＋1と－1の差2に変換させるのです。この変換は、4で割って、2をかければよいです。

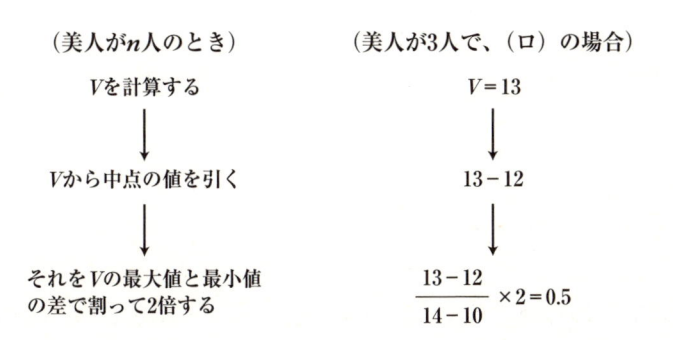

（美人がn人のとき）　　　　　（美人が3人で、（ロ）の場合）

Vを計算する　　　　　　　　　$V = 13$

↓　　　　　　　　　　　　　　　↓

Vから中点の値を引く　　　　　$13 - 12$

↓　　　　　　　　　　　　　　　↓

それをVの最大値と最小値の差で割って2倍する　　　$\dfrac{13-12}{14-10} \times 2 = 0.5$

(イ) の場合		+1
(ロ) 〃		+0.5
(ハ) 〃		+0.5
(ニ) 〃		−0.5
(ホ) 〃		−0.5
(ヘ) 〃		−1

　一般的な言い方をすると、Fの最大値と最小値の差で割って、2倍すればいいのです。この2つの手続きを組み合わせると、0.5という値が得られます。

　このような手順で計算したVを**順位相関係数**（または**スピアマンの順位相関係数**）と呼びます。

ケース5

あるクラスの生徒10名について、英語の成績と数学の成績の順番は次のようになりました。この両成績間の順位相関係数を求めてください。

表　　　　　　　　　　　　　（単位：位）

英語	2	3	4	1	5	7	6	8	10	9
数学	4	1	2	3	5	6	9	7	8	10

　順位相関係数を求めるために、まず次のような計算表を作っておきましょう。英語の点数が低い順に、数学とペアを崩さずに並びかえます。

表　　　　　　　　　　　　　（単位：位）

英語 X	1	2	3	4	5	6	7	8	9	10	
数学 Y	3	4	1	2	5	9	6	7	10	8	
$(X-Y)^2$	4	4	4	4	0	9	1	1	1	4	計：32

$$順位相関係数 = 1 - \frac{6 \times 32}{10(10^2 - 1)} = 1 - \frac{192}{990} = 0.806$$

よって、順位相関係数は0.81となります。

この0.81という数値は、0.7以上なので、「強い正の相関がある」といえます。

❷ ケンドールの順位相関係数

2組の順位の間にどのような関係があるかを調べる方法として、**スピアマンの順位相関**と**ケンドールの順位相関**があります。どちらも結果的には同じ数値ですが、それを導く統計量（定義式）が異なります。いずれも順位の相関係数を表しますが、ケンドールの順位相関係数は、2組の順位の向きによる関係です。2組の順位がまったく同順位のときにプラス1、まったく逆順位のときにマイナス1、関係が小さいときには0に近い値になります。

次の表は、女子大生のグループとOLのグループによるお酒に対する好みの順位表です。

表

	日本酒	ビール	ワイン	ウィスキー	チューハイ
女子大生	5	2	1	4	3
OL	3	1	2	5	4

女子大生とOLでは、お酒に対する好みはどのように異なってくるのでしょうか。スピアマンの順位相関係数を用いてもよいのですが、ここでは順位の向きにこだわることにしましょう。

日本酒とワインを取り上げてみると、好みの順位は次のように共に同じ

向きで、日本酒よりもワインのほうを好んでいるようです。

> 女子大生 … 日本酒＜ワイン
> OL　　　… 日本酒＜ワイン

次に、ビールとワインを眺めてみると、好みの順位は次のように好みは全く"逆の向き"になっています。

> 女子大生 … ビール＜ワイン
> OL　　　… ビール＞ワイン

そこで、日本酒、ビール、ワイン、ウィスキー、チューハイのすべての組み合わせについて調べてみると、次のようになります。

(日本酒、ビール)⇒同じ向き　(日本酒、ワイン)⇒同じ向き
(日本酒、ウィスキー)⇒逆向き　(日本酒、チューハイ)⇒逆向き
(ビール、ワイン)⇒逆向き　(ビール、ウィスキー)⇒同じ向き
(ビール、チューハイ)⇒同じ向き
(ワイン、ウィスキー)⇒同じ向き
(ウィスキー、チューハイ)⇒同じ向き　(ワイン、チューハイ)⇒同じ向き

そこで、次の比をとることにしましょう。この比を**ケンドールの順位相関係数**といいます。

公式

$$順位相関係数 = \frac{(同じ順位の組の数) - (逆の順位の組の数)}{(すべての組み合わせの数)}$$

これを使うと、

$$順位相関係数 = \frac{7-3}{10} = 0.4$$

　ちなみに、上の例でスピアマンの順位相関係数を求めてみると0.6となります。

すべての組が同じ順位のとき
$$順位相関係数 = \frac{（同じ順位の組の数）- 0}{（すべての組み合わせの数）} = 1$$

すべての組が逆の順位のとき
$$順位相関係数 = \frac{0 - （逆の順位の組の数）}{（すべての組み合わせの数）} = -1$$

表　ケンドールの順位相関検定

α 片側 (両側) N	0.005 (0.010)	0.01 (0.02)	0.025 (0.05)	0.05 (0.10)	0.10 (0.20)
4				6(0.0417)	6(0.0417)
5		10(0.0083)	10(0.0083)	8(0.0417)	8(0.0417)
6	15(0.0014)	13(0.0083)	13(0.0083)	11(0.0278)	9(0.0681)
7	19(0.0014)	17(0.0054)	15(0.0151)	13(0.0345)	11(0.0681)
8	22(0.0028)	20(0.0071)	18(0.0156)	16(0.0305)	12(0.0894)
9	26(0.0029)	24(0.0063)	20(0.0223)	18(0.0376)	14(0.0901)
10	29(0.0046)	27(0.0083)	23(0.0233)	21(0.0363)	17(0.0779)
11	33(0.0050)	31(0.0083)	27(0.0203)	23(0.0433)	19(0.0823)
12	38(0.0044)	36(0.0069)	30(0.0224)	26(0.0432)	20(0.0985)
13	44(0.0033)	40(0.0075)	34(0.0211)	28(0.0500)	24(0.0817)
14	47(0.0049)	43(0.0096)	37(0.0236)	33(0.0397)	25(0.0963)
15	53(0.0041)	49(0.0078)	41(0.0231)	35(0.0463)	29(0.0843)
16	58(0.0043)	52(0.0099)	46(0.0206)	38(0.0480)	30(0.0975)
17	64(0.0040)	58(0.0086)	50(0.0211)	42(0.0457)	34(0.0883)
18	69(0.0043)	63(0.0086)	53(0.0239)	45(0.0479)	37(0.0876)
19	75(0.0041)	67(0.0097)	57(0.0245)	49(0.0466)	39(0.0931)
20	80(0.0045)	72(0.0099)	62(0.0234)	52(0.0492)	42(0.0929)

第 2 章

回帰式と回帰直線

- **2-1** 相関係数と回帰直線
- **2-2** 曲線で回帰分析
- **2-3** 重回帰分析
- **2-4** 決定係数
  ―回帰方程式の精度を表す指標―

2-1 相関係数と回帰直線

第1章で出てきた相関係数から相関図や散布図を使ってデータ間の関連性を考えてきました。今度は一歩進んで未来を予測できないかやってみましょう。

さあ、どうぞ！

"相関"を調べることができれば、将来の予測も可能になるのじゃ。

相関にも強いとか弱いとかありましたが、それだけじゃないんですか？

そうじゃ。データをグラフにしたり式にしたりすると、見えなかったことがみえてくるんじゃ。

たしかに、数字だけだと傾向があるのかどうか、つかみにくいときもあります。でも式にするのも面倒そうです…。

だいじょうぶじゃ。分散分析のときみたいに、数字が大きくても数値変換してシンプルな数にしてしまえばいいんじゃ。

2つの量の関係をグラフに描くとき、普通は原因のほうを横軸に、結果のほうは縦軸に配列します。これから示すような図（1）の散布図が得ら

れたとき、正の相関がありそうです。相関係数を計算すると、0.97とかなり高い値が得られ、ほとんど直線上に並んでいるので、ここにプロット（打点）されていない点についても、ある程度の予測ができるだろうと推測されます。そこで、いま（1）に並んだ点の最大が$x = 3.5$になっていますが、もし$x = 5$の場合、yはどれくらいになるでしょうか。

図　データに沿って直線を引いてみる

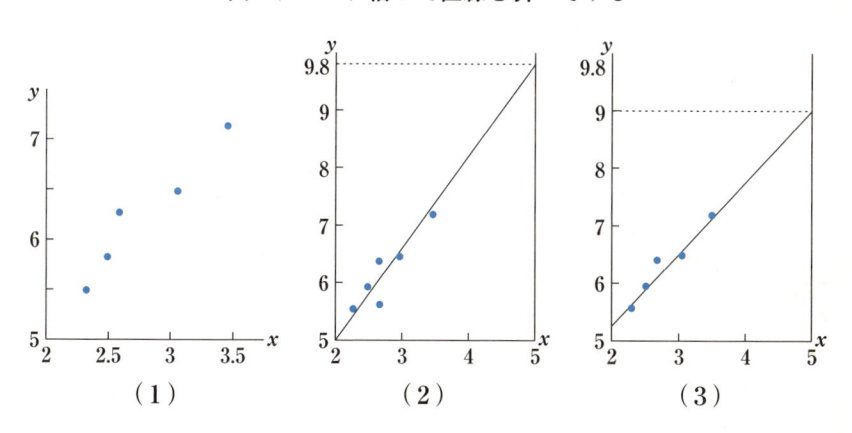

　こんなとき、一般的には図（1）に並んだ5つの点の傾向をなるべく沿うような直線を書き入れて、その直線の延長からxが5のときのyの値を読み取ります。このようにいくつかのデータを表す点を1本の線で引くことを**回帰**といい、この直線を**回帰直線**と呼んでいます。

　回帰直線は、定規をデータの点の上に置き、だいたいの見当をつけて、書き入れることが多いです。しかし、そのやり方では誤差が発生してしまいます。実際、図の（2）と（3）を見ると、いずれも適当な線を書き入れたもので、両方とも点の並び方をうまくなぞっているように見えます。ところが、yの値は（2）が9.8なのに（3）は9.0と、かなりの差があります。この例は、5つのデータから求めた相関の強さが0.97もあり、5つの点がほとんど直線上に並んでいますが、もっと相関が弱ければ、もっと誤差が出てくるでしょう。

このような適当な勘で直線を引くのではなく、誰がやっても、正しい直線が引けるような数学的な方法を紹介するのが本書の目的でもあります。それによって予測することも可能になります。

> **ポイント**
> 相関係数：相関の強さを表す
> 回帰直線：変量xとyがどれくらいの割合で増加（減少）するかを表す

次は回帰式の話じゃ。回帰直線を書くには式が必要じゃろ？

散布図からプロットされた点の傾向から直線を引いてみるのはだめなんですか？

それだとあいまいじゃろ。ちゃんとした根拠が必要じゃ。そこで登場するのが回帰式なのじゃ。

点から式なんてたてられるんですか？

いくつかの変数があったときに、ある変数を他の変数でどれくらい説明できるかがわかるんじゃ。だから、それぞれ説明変数、被説明変数と言ったりするんじゃ。たとえばこんな例はどうかな。

　投資用のマンションの利回りと最寄駅までの距離を調べたところ、最寄駅までの距離が０分の物件は平均8％ほど利回りがあり、駅からの距離が１分伸びるごとに利回りは0.35％低下することがわかったとします。マンションの利回りをY、最寄駅まで

の距離をXとして、この関係をまとめると次のようになります。

$$Y = 8.0 - 0.35X$$

どうじゃ？　具体的じゃろ？　回帰式が分かれば、Xがどんな数になってもYを決めることができるんじゃ。

すごーい！回帰式さえ求めることができれば、ちょっと計算すればいろいろ予測できるんですね。
便利ですね。

　回帰分析は、ある変数（被説明変数あるいは従属変数）を他の変数（説明変数あるいは独立変数）でどのようにどれくらい説明できるか、を探る統計的手法です。説明変数と被説明変数の量的な関係がわかれば、説明変数の変化によって被説明変数がどれだけ変化するかを説得力をもって予測することができます。ここでは、左辺Yのマンションの利回りが被説明変数、最寄駅までの距離（X）が説明変数です。なお、Xが0だったときのYの値（上の式での8.0）を定数項、XのYへの影響力を表す-0.35をXの**回帰係数**と呼びます。

　このような回帰式を用いると、たとえば、駅からの距離が5分の物件の利回りは6.25だと予測できるわけです。

ケース1

水の浄化作用として、凝集剤（x）の量と沈殿生成量（y）の関係を調べたところ、次の表のような結果が得られました。これにより、両者の回帰式を求めてみましょう。

表　実験データ

（単位：g）

x	y	x	y	x	y
8.2	9.4	7.1	9.3	8.6	14.2
5.8	6.5	7.8	10.6	9	13.8
6.4	7.3	8.1	11.4	8.1	11.3
5.9	7.9	7.5	12.2	5.7	8.1
6.5	9	7.9	13.3	5.3	6.1

ステップ1：計算表の作成

次のような数値変換をしてみましょう。

$$X = (x - 7) \times 10$$
$$Y = (y - 9) \times 10$$

2-1 相関係数と回帰直線

表 数値変換

No.	X	Y	X^2	Y^2	XY
1	12	4	144	16	48
2	－12	－25	144	625	300
3	－6	－17	36	289	102
4	－11	－11	121	121	121
5	－5	0	25	0	0
6	1	3	1	9	3
7	8	16	64	256	128
8	11	24	121	576	264
9	5	32	25	1024	160
10	9	43	81	1849	387
11	16	52	256	2704	832
12	20	48	400	2304	960
13	11	23	121	529	253
14	－13	－9	169	81	117
15	－17	－29	289	841	493
計	29	154	1997	11224	4168

ステップ2：XとXYの偏差平方和を求める

$$X\text{の偏差平方和} = X^2\text{の和} - \frac{(X\text{の和})^2}{\text{データ数}}$$

$$= 1997 - \frac{29^2}{15} = 1997 - \frac{841}{15} = 1941$$

$$XY\text{の偏差平方和} = XY\text{の和} - \frac{(X\text{の和}) \times (Y\text{の和})}{\text{データ数}}$$

$$= 4168 - \frac{29 \times 154}{15} = 4168 - \frac{4466}{15} = 3870$$

ステップ3：b（回帰係数）を求める

$$b = \frac{XY の偏差平方和}{X の偏差平方和} = \frac{3870}{1941} = 1.994$$

ステップ4：xとyの平均値を求める

数値変換したデータを元の数に戻して平均値を求める。

そうすると、xの平均値、yの平均値はそれぞれ、7.19、10.03になることがわかります。

ステップ5：回帰式を求める

> **ポイント**
> 平均値、回帰係数から回帰式は次のようにかける
> $y - y$の平均値 $= b \times (x - x$の平均値$)$

上のポイントを使うと、

$y - 10.03 = 1.994x - 14.34$ より
$y = 1.994x - 4.31$

となります。

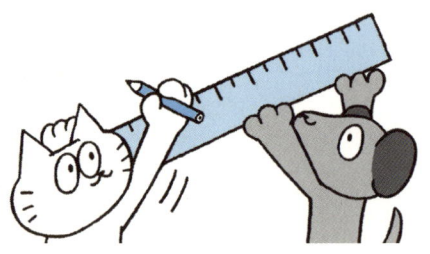

xに対するyの回帰直線

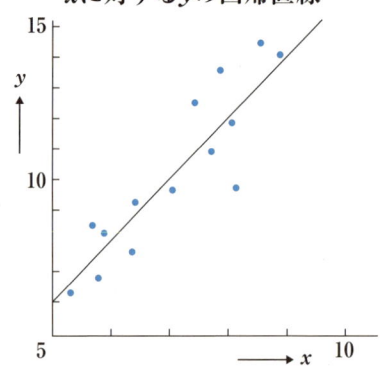

Column

"回帰"という言葉の意味

　いくつかの点の配列を1本の直線または曲線で代表することを**回帰**といい、とくに、1本の直線で代表することを**直線回帰**、その直線を**回帰直線**と呼びます。

　日本語で"回帰"といえば、"ひとめぐり（一巡り）して元に戻る"ことです。それが、なぜいくつかの点を1本の曲線や直線で代表することになったのでしょうか。

　一般に、背の高い子どもの両親のどちらかは背が高いし、両親そろって背が低いと、その子どもも低くなることが多いといわれています。つまり、身長や体型のようなものは、遺伝的にかなり継承されるはずです。

　進化論で有名なダーウィンの弟子、イギリスの生物学者**ゴールトン**（Francis Galton：1822〜1911）は、長身の親からは長身の子が、短躯の親からは短躯の子が生まれるから、親の身長と子の身長には45度の傾きをもつ直線的な関係があるに違いないと信じていました。そこで、250組の両親とその子どもの身長を調べてみました。データを9クラスに分け、クラスごとに測定した平均値の関係は下の図のようになりました。

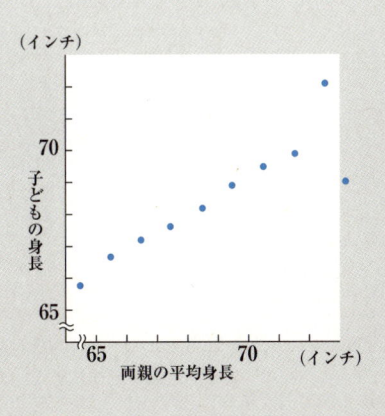

（次ページへ続く）

この図を見てどんなことに気が付くでしょうか。両親の平均身長の差が、背の高いほうと低いほうで8インチあるのに、子どものほうの最高最低の差が6.4インチと、かなり小さくなっています。つまり、両親の身長は、その子どもに約2/3しか遺伝されず、残る1/3程度は、種族の平均値へ後戻りするというものです。つまり、大きな親はそれほど小さな子は産まずに、子どもたちの身長は平均値のほうへかえってしまうのです。そのために、親と子の身長の関係は、傾きが45度よりも緩やかな直線で表されてしまいました。この現象に興味を持ったゴールトンは、この直線を「回帰直線」と名付けたといいます。

　筆者の場合、親は大柄ですが、筆者自身は小柄です。どうやら回帰したみたいです。

2-1 相関係数と回帰直線

ケース2 GNPが上がれば生活が豊かになり、酒類の消費も増えそうなので、GNPの増大という原因が酒類消費という結果に結び付くと言われています。どれくらい相関があるか調べてみましょう。

日本におけるGNPと酒類消費量を次の表に示すとともに、横軸xにGNP、縦軸yに酒類の消費量にとったグラフを描いてみると、下のようになります。グラフを見ると、かなり強い正の相関がありそうです。相関係数を計算してみると、約0.97という高い値が現れます。これはほとんど一直線上に並んでいるといえるでしょう。

表　年度別のGNPと酒類消費量

年度	GNP（100万人／人）	酒類消費量（ℓ／人）
1982	2.3	5.5
1984	2.5	5.7
1986	2.6	6.2
1988	3.1	6.5
1990	3.5	7.1

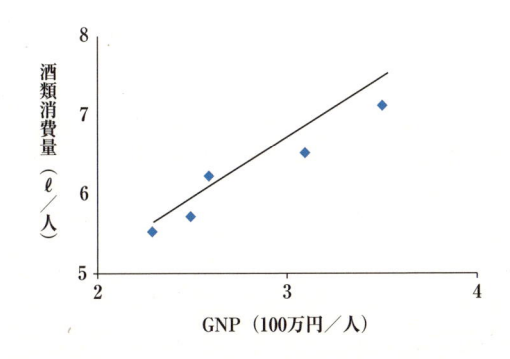

お酒の消費量とGNPの間にはかなりの強い相関があるといえます。

2-2 曲線で回帰分析

2-1では回帰直線について学びました。でもいつもきれいな"直線"になるのでしょうか。本節では直線以外の線になる例を考えてみましょう。

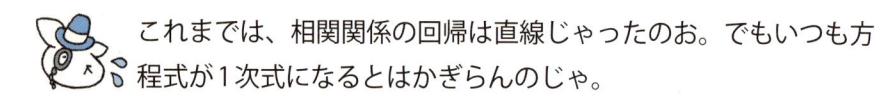

さあ、どうぞ！

> これまでは、相関関係の回帰は直線じゃったのお。でもいつも方程式が1次式になるとはかぎらんのじゃ。

> 直線じゃなくても相関関係があるって言える場合があるんですか？

> そうじゃ。そのとおり。相関関係を表す式が2次式、つまり曲線じゃ。

> そうなるような相関図ってあるんですか？

> あるのじゃ。たとえば2つの変量のデータをプロットした場合下のような感じになる場合じゃ。

図　2次関数状の関係

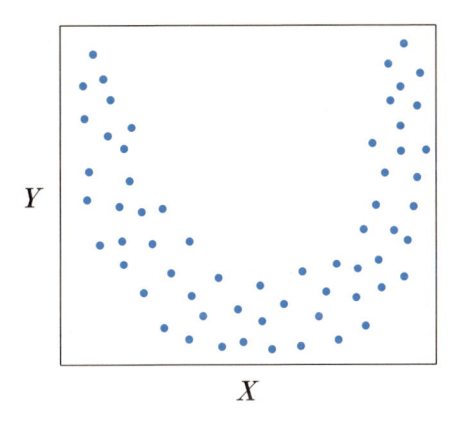

あの放物線ってやつですか。

まあ次の例をみてごらん。

ケース3

日本の人口を1970年から5年おきに記録したのが次の表です。

表　日本人口の推移

年	人口（百万人）
1970	105
1975	112
1980	117
1985	121
1990	124

将来的に人口はどうなると予測されるでしょうか。

上のケースのように時間の経過にともなって記録されたデータを**時系列データ**といいます。多くの統計資料がこのような形に整理されています。時系列データは、細かい数値を記録するには適していますが、データの変化の様子を直感的に読み取るには適していません。そこで、活躍するのが次のようなグラフです。

図　2次曲線で回帰

　さて、このグラフが直線ではないのはわかるかな。

　曲線にすると5つの点にぴったり合いますね。ちなみに、直線にしちゃうと絶対だめなんですか。

　日本の人口は毎年明らかに増加しています。年数と人口の相関係数を計算してみると、0.987という高い値になります。直線的に増加を続けているといえます。ところが、5つの点をよく見てみると、一直線上に並んでいるのではなく、いくらか下向きに湾曲した曲線に並んでいるように見えます。

2-2 曲線で回帰分析

🐱 直線にしたときと曲線にしたときで何が違ってくるのですか？

🎩 いい質問じゃ。5つの点から将来的に人口がどう変化していくかを予測してみると、予想が違ってくるのじゃ。

- 直線で回帰
  ⇒日本の人口は限りなく増加していくだろう
- 曲線で回帰
  ⇒いずれ減少に転じるだろう

🐱 逆の予想になっちゃうんですね。どっちが正しい回帰なんですか？

🎩 これから判断してみよう。

曲線の中で一番簡単なのは、$y = ax^2 + bx + c$ で表される2次曲線です。直線のときと同様に、a、b、c の値を求め、回帰の2次曲線を確定していきます。まず、年の目盛を次の表のように変えます。

表　年の目盛を変える

年	x_i	y_i
1970	-2	105
1975	-1	112
1980	0	117
1985	1	121
1990	2	124

2次方程式 $y = ax^2 + bx + c$ の a、b、c を次のように求めてみましょう。

―公式―

$$a = \frac{(データ数 \times x^2y の和) - (x^2 の和 \times y の和)}{(データ数 \times x^4 の和) - (x^2 の和)^2}$$

$$b = \frac{xy の和}{x^2 の和}$$

$$c = \frac{[(x^4 の和) \times (y の和)] - [(x^2 の和) \times (x^2y の和)]}{[(データ数) \times (x^4 の和)] - [(x^2 の和)^2]}$$

表　計算表

x	y	x^2	x^4	xy	x^2y
-2	105	4	16	-210	420
-1	112	1	1	-112	112
0	117	0	0	0	0
1	121	1	1	121	121
2	124	4	16	248	496
0	579	10	34	47	1149

　計算表の値を上の式に代入すると、a、b、c の値を容易に求めることができます。

$$a = \frac{5 \times 1149 - 10 \times 579}{5 \times 34 - 10^2} ≒ -0.64$$

$$b = \frac{47}{10} = 4.70$$

$$c = \frac{34 \times 579 - 10 \times 1149}{5 \times 34 - 10^2} ≒ 117.08$$

　これで a、b、c が決まりました。したがって、日本の人口を回帰する2

次曲線の方程式は、次のように表されます。

$$y = -0.64x^2 + 4.70x + 117.08$$

　年とともに変化する日本人の人口を回帰するための2次方程式が得られました。さっそく、曲線を描いてみましょう。下の左側のグラフのようになります。5つの点をみごとになぞっています。比較のために、5つの点を直線で回帰したグラフを右に並べておきましょう。この直線は、前に求めたもので

$$y = 4.7x + 115.8$$

でした。見比べると、左側の2次曲線のほうが自然に見えるのではないでしょうか。

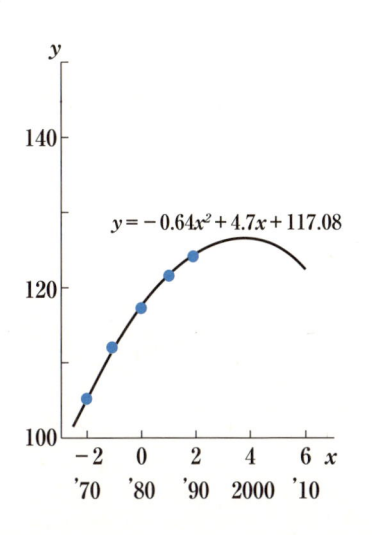

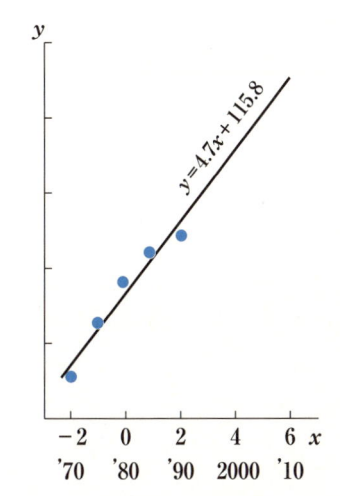

ほんとだー。2次曲線だとぴったりきれいにあてはまってます！

実際に本当にきちんと5つの点をなぞっているのかどうかは、次のような計算からもわかるんじゃ。ちょっと見ててごらん。

回帰のための直線と曲線がどれくらい5つの点をよくなぞっているか評価します。次の計算表のうち、$(y_i - y)^2$の和は**残差平方和**といいます。この値がゼロに近いほど、的確に点をなぞっていると評価することができます。直線回帰の残差平方和は5.9、2次曲線回帰の残差平方和は0.11と出ました。明らかに、2次曲線回帰の場合のほうが残差平方和が小さい（ゼロに近い）ですね。

表 （1）2次曲線回帰の場合

x_i	y_i	$y = -0.64x_i^2 + 4.70x_i + 117.08$	$y_i - y$	$(y_i - y)^2$
-2	105	105.12	-0.12	0.0144
-1	112	111.74	0.26	0.0676
0	117	117.08	-0.08	0.0064
1	121	121.14	-0.14	0.0196
2	124	123.92	0.08	0.0064
			残差平方和	0.11

表 （2）直線回帰の場合

x_i	y_i	$y = 4.7x_i + 115.8$	$y_i - y$	$(y_i - y)^2$
-2	105	106.4	-1.4	1.96
-1	112	111.1	0.9	0.81
0	117	115.8	1.2	1.44
1	121	120.5	0.5	0.25
2	124	125.2	-1.2	1.44
			残差平方和	5.9

2-2 曲線で回帰分析

🐱 回帰直線にしたときにきれいにはまっていなかったら、2次曲線しかだめなんですか？こういうときに使える他の曲線ってあるんですか？

🧙 いい質問じゃ。実は、2次曲線と同じくらい役に立つ曲線があるんじゃ。指数曲線っていうんじゃ。どんな曲線か、例で見てみよう。

ケース4

次の表は日本の鉱業従業者数の推移を表したものです。回帰して、1995年ごろの従業者数はどうなっているか考えてみましょう。

表　日本の鉱業従業者数の推移

年	x_i	鉱業従業者数 y_i
1986年末	−2	41　（千人）
1987	−1	34
1988	0	29
1989	1	26
1990	2	24

🐱 毎年減ってきていますからきっと減るんでしょう？

🧙 さあ、それはどうかな。ねこすけは、頭の中では右下がりの直線を引いてしまっているようじゃな。これからやることを見ていてごらん。

表だけを見ると確かに鉱業従業者数は右下がりのようにみえます。実際、直線だとどうなるのでしょうか。やってみましょう。

図　直線で回帰

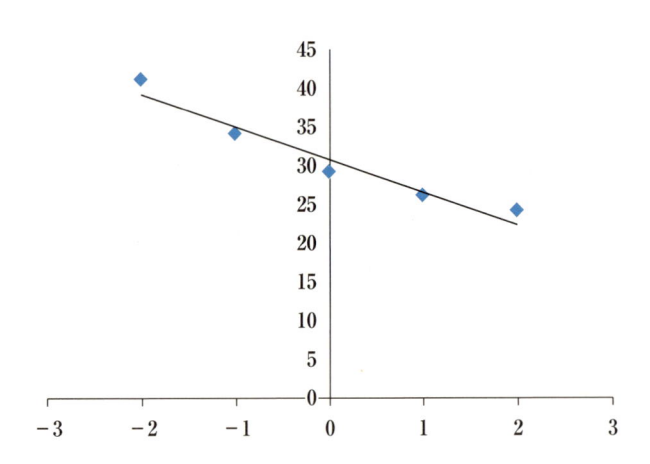

直線だとずれている点が出ていますね。

この近似だと厳密にいえば、"だいぶずれている点がある"ことになる。1995年には従業者数がゼロになってしまうじゃろ。

🐱 本当だー。直線で回帰するとそういうふうに予測されちゃうんですね…。

🎩 じゃあ、さっきやった2次曲線はどうかな。こっちも確認しておこうかのお。

図　2次曲線で回帰

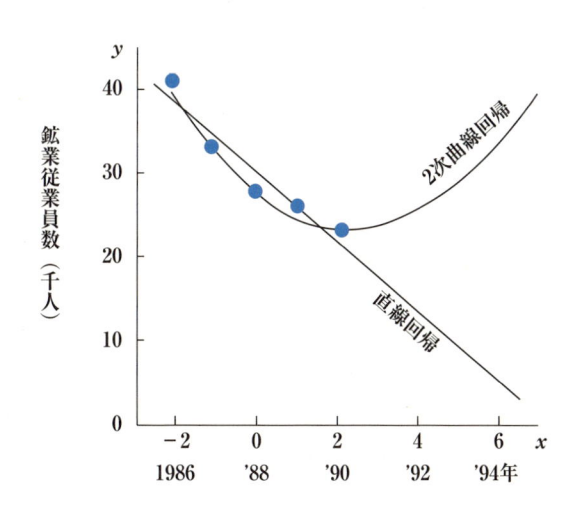

鉱業従業員数（千人）

🐱 あ、さっきよりは点がちゃんと線の上に乗ってる気がします。アリマ先生、でも2次曲線だと1991年は従業者数めっきり減ってしまいます。いいんですか？

🎩 いい着眼じゃ。2次曲線から推測すると、ねこすけがいうように、1991年ごろには従業者数が底をうって、そのあと上昇することになるのお。

🐱 本当に上昇するんですか？

ここでもう一つ試せるのが**指数曲線**じゃ。指数曲線で回帰するとどんな予測ができるかのお。

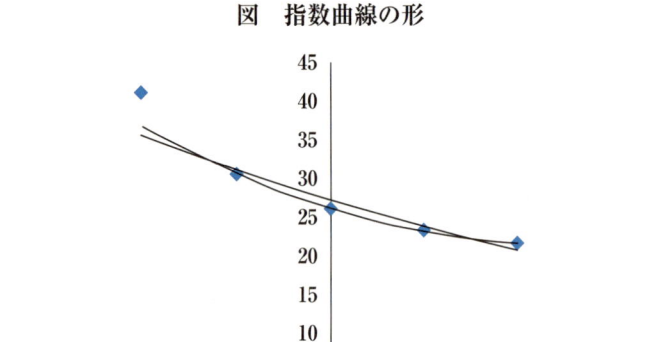

図　指数曲線の形

あれー！　2次曲線のときとは将来の予測が違ってきました。

そうじゃ。指数曲線で回帰するとこんなふうに予測できるんじゃ。

- 鉱業従業者数は、決してゼロにはならないが、ゼロに向かって減少の傾向が続く
- xが増加するにつれて、yが滑らかに減少する

xの増加によりyがなめらかに減少するような指数関数は、$y = ba^x$（$a<1$、$b>0$）の形で表されます。yの減少の仕方は、初めははげしく、次第にゆるやかになるという特徴があります。そして、限りなくゼロに近づくのですが、いつになってもゼロになることはありません。

2次曲線のときの回帰式は$y = 0.85x^2 - 4.2x + 29.08$じゃから残差平方和を計算してみるとよい。

図　指数曲線の形

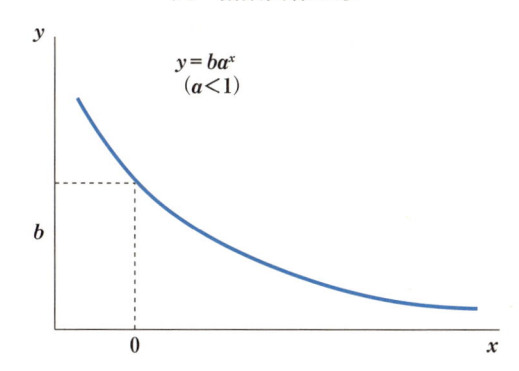

$y = ba^x$
$(a < 1)$

指数関数のときの式はどうなるのですか？

では具体的に見てみようかの。

$$y = ba^x \quad \cdots\cdots (1)$$

ここで、式(1)の計算の仕方として、両辺の対数をとります。対数は、常用対数でも自然対数でもかまいません。対数についての詳細は数学書に

任せることにしましょう。

$$\log y = \log b + x \log a \quad \cdots \cdot (2)$$

ここで、

$$\left. \begin{array}{l} \log y = Y \\ \log b = B \\ \log a = A \end{array} \right\} \quad \cdots \cdot (3)$$

とおくと、式 (2) は次のように直線を表すシンプルな式になります。

$$Y = B + Ax \quad \cdots \cdot (4)$$

$$A = \frac{xY の和}{x^2 の和}$$

$$B = Y の平均$$

表　計算式

x	y	x^2	Y	xY
−2	41	4	1.6128	−3.2256
−1	34	1	1.5315	−1.5315
0	29	0	1.4624	0.0000
1	26	1	1.4150	1.4150
−2	24	4	1.3802	2.7604
和		10	7.4019	−0.5817

（平均：1.4804）

　これらの値を上のAとBの式に代入すると、次のYの式が得られます。それから式 (2) と式 (3) を逆にたどると、yという指数曲線の回帰式を

求めることができます。

$$A = \frac{-0.5817}{10} = -0.05817$$

$$Y = 1.4804 - 0.05817x$$

$$y = 30.23 \times 0.8746^x$$

　Excelでも指数関数や2次曲線の回帰グラフを描くことができます。どんなグラフか実際にデータを入力してやってみるとよいでしょう。

図　指数曲線による回帰

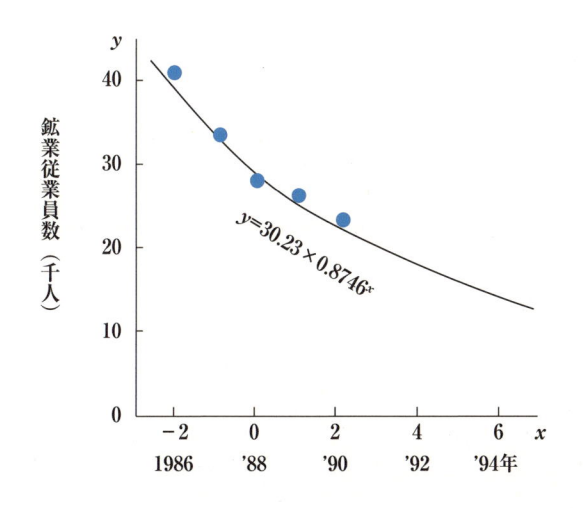

Column

"自由度" とは

　標本から得た標本標準偏差は、母集団から抽出して得た標準偏差よりも小さいほうに偏っています。そこで、

$$標本分散＝偏差平方和／標本の数（n）$$

としないで、標本の数（n）が$n-1$であるとみなして、nの代わりに$n-1$で割ると小さいほうの偏りがなくなります。このようにして求めたものを**母分散の不偏推定値**、$n-1$を**自由度**と呼んでいます。

$$母分散の不偏推定値＝偏差平方和／自由度（＝n-1）$$

この右辺を変形（nをかけてnで割る）すると、次式が得られます。

$$\frac{n}{n-1} \times \left(\frac{偏差平方和}{n}\right) = \frac{n}{n-1} \times （標本分散）$$

これより、標本分散は母分散より小さいほうに偏っているので

$$\frac{n}{n-1}$$

をかければ、母分散の推定値が得られます。

2-3 重回帰分析

前節では、変数が2つある資料について、一方の変数（目的変数）を他方の変数（説明変数）で説明する方法（単回帰分析）で調べましたが、この節では、3変数以上の資料において、1つの変数（目的変数）を残りの変数（説明変数）で説明する方法（重回帰分析）を調べましょう。

さあ、どうぞ！

1 重回帰分析って？

ここまで回帰分析をやってきたが、ちゃんとついてきておるかな。

回帰を調べるのに直線だけじゃなく、二次関数とか指数関数に近似してみるとデータの点がぴったりでした。

そうじゃったな。なにで近似するかによって、将来の予測がかわってくるから、気をつけておくようにな。

アリマ先生、それで今度はなにするんですか？

こんどは、回帰分析の中でももうすこし変数が増えて、考えられる要因が複雑になる「重回帰分析」じゃ。これも理解できれ

ば、データがどんなに増えても自分たちでデータを分析できるから、たのしくなるぞ。

　分析の対象となる要素を**要因**といいます。要因は、いくつかの要素を組み合わせて分析するのが容易なので数値で表されます。それが**変量**でした。変量は、1つだけとは限らず、2つ以上あるのが普通です。この意味で**多変量**というのです。

　私たちの社会は、複雑に絡み合った無数の要素から成り立っています。多変量解析は、それらが複雑に絡み合った要素、つまり要因を対象に分析する手法のことです。その手法は一通りではなく、様々な手法が開発されて発展してきました。主なものを列挙すると、重回帰分析、主成分分析、因子分析、判別分析、クラスター分析などがあります。

表　さまざまな分析法

分析法	特徴
回帰分析	着目する変数を、他の残りの変数の式で表現。その式を利用して変数間の関係を調べる分析法。
主成分分析	多変数の資料を見渡せるポジションから資料を分析する手法。
因子分析	多変数を少数の因子で説明する分析法。
判別分析	複数のグループに分ける最良の方法を見つけながら、変数間の関係を調べる分析法。

　これまでに扱った2変量間の相関や回帰は多変量解析の一部です。すなわち、多変量解析は文字通り、たくさんの変量が入り混じった現象を解明する手法なのです。その最も単純な例には、2変量の**単回帰分析**も含みます。2つ以上の変量が互いに絡み合うとき、相関と回帰を使って解析する手法を**重回帰分析**といいます。重回帰分析によって得られる相関係数、回帰をそれぞれ**重相関係数**、**重回帰**といいます。

2 重相関係数

　回帰分析は、2変量からなる資料を対象にする単回帰分析と、3変量以上からなる資料を対象にする重回帰分析に分けられます。たとえば、次の表は、県ごとの各産業分野の勤労者数と戸別住宅数の資料です。上が単回帰分析、下が重回帰分析の対象となる資料です。

表　単回帰分析の資料

都道府県	第2次産業 u	戸建住宅数 y
茨城県	504	704
栃木県	373	480
群馬県	379	510
埼玉県	1079	1329
千葉県	734	1134
東京都	1383	1498
神奈川県	1178	1311
新潟県	436	595
山梨県	156	221
長野県	421	548

表 重回帰分析の資料

都道府県	第1次産業 x	第2次産業 u	第3次産業 v	戸建住宅数 y
茨城県	121	504	866	704
栃木県	75	373	583	480
群馬県	72	379	585	510
埼玉県	85	1079	2304	1329
千葉県	117	734	2071	1134
東京都	27	1383	4573	1498
神奈川県	44	1178	2954	1311
新潟県	92	436	733	595
山梨県	40	156	260	221
長野県	135	421	640	548

たとえば、あるスーパーがA市への進出を計画したとしよう。その立案を任されたY氏は、A市の人口、立地条件、駐車場の面積など、限られた準備資金の範囲内でプランを練ることになるじゃろな。それを前提に2つの表を見比べると、何が違うかわかるかな？

xとかvが増えています。

そうじゃ。第1次産業、第3次産業の列が増えておる。

Yさんがスーパーを作るために調査する項目をもっと増やしたんですか？

県によって、どの産業に力を入れているか、変わってくるじゃろ。だから第2次産業だけじゃなくて、ほかの産業についても調べたんじゃな。

Yさんは慎重なんですね。で、こういうふうにデータをとってきたとしてもこのままじゃ判断しにくいです。

そういうときに使えるのが、重回帰分析なんじゃよ。
ここでは、3つの変数x、y、zの関係を知るために、重相関係数と重相関を求めてみよう。その関係を$z = ax + by + c$としておこう。

まず、平均を求めるのは、これまでやってきたデータといっしょじゃ。上の例よりもっとシンプルな例でやってみよう。

アイアイサー！

ケース5

ある大学で1年生の学生A,B,C,D,E,F,Gの7人に対して、学年末の試験成績（z）を入試時の成績（x）と出身高校の内申書の成績（y）を比較して次のような結果が得られたとします。

成績

学生	入試(x)	内申書(y)	入試後(z)
A	10	6	8
B	10	9	7
C	8	8	6
D	7	6	6
E	8	9	5
F	7	5	5
G	6	6	5

入試の結果、内申書、入試後の成績は相互にどう関係しているか調べてみましょう。

ステップ1：平均を求める

公式

$$平均 = \frac{データの和}{データ数}$$

xの平均 $= 8$

yの平均 $= 7$

zの平均 $= 6$

ステップ2：分散と共分散を求める

計算表を作成し、各分散を計算する

- 分散

> **公式**
>
> $$分散 = \frac{偏差平方和}{データ数}$$

$$分散\,x = \frac{(x - 平均)^2 の和}{データ数} = 2.00$$

$$分散\,y = \frac{(y - 平均)^2 の和}{データ数} = 2.29$$

$$分散\,z = \frac{(z - 平均)^2 の和}{データ数} = 1.14$$

表　分散の計算表

	x	$x-$平均	$(x-平均)^2$	y	$y-$平均	$(y-平均)^2$	z	$z-$平均	$(z-平均)^2$
A	10	2	4	6	−1	1	8	2	4
B	10	2	4	9	2	4	7	1	1
C	8	0	0	8	1	1	6	0	0
D	7	−1	1	6	−1	1	6	0	0
E	8	0	0	9	2	4	5	−1	1
F	7	−1	1	5	2	4	5	−1	1
G	6	−2	4	6	−1	1	5	−1	1
和	56		14	49		16	42		8
平均	8			7			6		

- 共分散

> **公式**
> $$共分散 AB = \frac{(A-平均)(B-平均)の和}{データ数}$$

$$共分散\,xy = \frac{(x-平均)(y-平均)の和}{データ数}$$

$$共分散\,xz = \frac{(x-平均)(z-平均)の和}{データ数}$$

$$共分散\,yz = \frac{(y-平均)(z-平均)の和}{データ数}$$

表　共分散の計算表

	①$x-$平均	②$y-$平均	③$z-$平均	①×②(xy)	①×③(xz)	②×③(yz)
A	2	−1	2	−2	4	−2
B	2	2	1	4	2	2
C	0	1	0	0	0	0
D	−1	−1	0	1	0	0
E	0	2	−1	0	0	−2
F	−1	−2	−1	2	1	2
G	−2	−1	−1	2	2	1
和				7	9	1

それでは、分散、共分散を使って、重相関係数を計算してみましょう。

> **公式**
> $$\text{重相関係数}AB = \frac{\text{共分散}AB}{\sqrt{\text{分散}A \times \text{分散}B}}$$

$$\text{重相関係数}xy = \frac{\text{共分散}xy}{\sqrt{\text{分散}x \times \text{分散}y}} = \frac{1.00}{\sqrt{2.00 \times 2.29}} = 0.47$$

$$\text{重相関係数}xz = \frac{\text{共分散}xz}{\sqrt{\text{分散}x \times \text{分散}z}} = \frac{1.29}{\sqrt{2.00 \times 1.14}} = 0.85$$

$$\text{重相関係数}yz = \frac{\text{共分散}yz}{\sqrt{\text{分散}y \times \text{分散}z}} = \frac{0.143}{\sqrt{2.29 \times 1.14}} = 0.09$$

これより、学年末の試験と入試時の成績（xz）との間には強い相関があるのに対し、出身高校の内申書の成績（yz）との間には、ほとんど相関性がないことがわかります。言い換えれば、学生の学力が入試時と入学後に比例しているが、出身高校の学力差もあり、入学時の成績とは必ずしも比例しないと考えられます。

回帰方程式 $z = ax + by + c$ の係数 a, b および c を次の方法で計算して求め、代入します。

ステップ1：係数 a を求める。

$$a = \frac{(\text{分散}y \times \text{共分散}xz) - (\text{共分散}xy \times \text{共分散}yz)}{(\text{分散}x \times \text{分散}y) - (\text{共分散}xy)^2}$$

ステップ2：係数 b を求める。

$$b = \frac{(\text{分散}x \times \text{共分散}yz) - (\text{共分散}xy \times \text{共分散}xz)}{(\text{分散}x \times \text{分散}y) - (\text{共分散}xy)^2}$$

ステップ３：cを求める。

$$c = zの平均 - (a \times xの平均) - (b \times yの平均)$$

前の例を使って、$z = ax + by + c$のa、b、cを求めてみましょう。

（１）$a = \dfrac{(2.29 \times 1.29) - (1.00 \times 0.143)}{(2.00 \times 2.29) - (1.00)^2} = \dfrac{2.811}{3.58} = 0.785$

（２）$b = \dfrac{(2.00 \times 0.143) - (1.00 \times 1.29)}{3.58} = \dfrac{1.00}{3.58} = -0.280$

（３）$c = 6 - (0.785 \times 8) - (-0.280 \times 7) = 6 - 6.28 + 1.96 = 1.68$

a、b、cの値を回帰方程式（$z = ax + by + c$）に代入すると、次の式のようになります。

$$z = 0.785x - 0.280y + 1.68$$

ここで、入試xが４点で内申書yが８点の学生と、入試xが８点で内申書yが４点の学生を比較してみると、

$$x = 4、y = 8ならば\quad z = 2.58$$
$$x = 8、y = 4ならば\quad z = 6.84$$

となり、内申書の成績がよくても入学後の成績は期待できないのに対して、内申書の成績が悪くても入試の成績のよかった学生は入学後も成績がよいことがわかります。

Column

多変量解析

　多変量解析とは、複数の項目、すなわち、複数の変数が含まれている資料を解析する方法です。世の中の多くの資料は多変量です。健康調査の資料にはさまざまな収入と支出項目が羅列されています。これらの複雑な資料を分析するための技法が**多変量解析**なのです。

　多変量解析の目的は、変数間の関係を調べたり、変数をまとめて情報を簡略化したりすることです。

　単回帰分析は、1変量を1変量の式で説明するものでした。重回帰分析は1変量を複数の変数の式で説明する分析技法です。式は複雑になりますが、基本的な考え方は単回帰分析と同じです。

　単回帰分析の場合、回帰方程式 $y = ax + b$ の x を**説明変量**、y を**目的変量**といいます。重回帰分析の回帰方程式は、次のようになります。

$$y = ax + bw + c \quad (a, b, c は定数)$$

　この式の中の定数 a, b を**偏回帰係数**と呼びます。これら a, b, c を資料から決定すれば、目的変量 y と説明変量 x, w との関係が調べられるわけです。

　単回帰分析と同様に、重回帰分析にも、線形と非線形の重回帰分析があります。線形とは、目的変量を説明変量の1次式で表現する分析法です。

2-4 決定係数
―回帰方程式の精度を表す指標―

回帰方程式や回帰直線によって、データの傾向をつかんだり、予測を立てたりすることができることはわかりましたね。でもせっかく方程式にしてもその精度によっては、信頼度も変わってきます。本節で回帰式の精度を決める決定係数について説明しましょう。

さあ、どうぞ！

平均や分散、偏差平方和は覚えておるじゃろ。

はい、回帰式を出すときに使いました。

式にできたからといって安心してはいかんぞ！

えっ、どういうことですか？きちんと数字で出して説得力あるじゃないですか。

そこが回帰式、回帰直線の落とし穴じゃ。本当にその回帰でいいのかどうか、使ったデータはよかったのかどうか、精度はどうなのかということまで考えるのが必要になってくるのじゃ。

2-4 決定係数 —回帰方程式の精度を表す指標—

🐱 へー。

🎩 回帰直線のあてはまりがいいとか悪いとか、そういう言い方をするのじゃ。そのときに使うのが決定係数じゃ。

🐱 もしあてはまりが悪かったらどういうことになるんですか？

🎩 資料の分布がうまく式や直線になっていないということじゃな。

　下図のように、7個の個体からなる2変量の資料があります。その相関図上に回帰直線を重ねると、明らかに、左の回帰直線のほうが、資料の分布をよく表しています。右の回帰直線は、資料の特性を説明していないといえます。そこで、回帰方程式の説明を示す指標（尺度）が考えられます。それがこれから説明する**決定係数**です。

図　回帰方程式

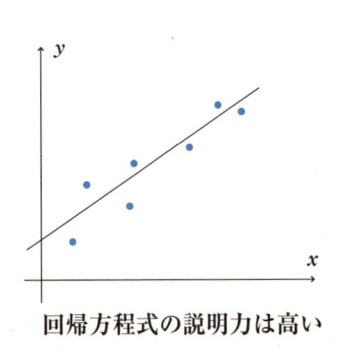

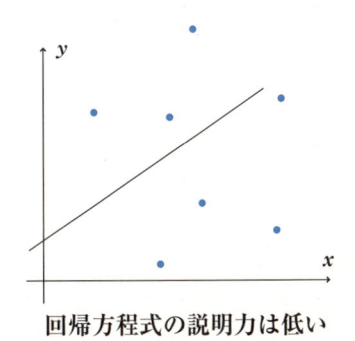

回帰方程式の説明力は高い　　回帰方程式の説明力は低い

ケース6

例として、次の表は、ある会社の入社試験における筆記試験の得点と、入社3年後の給与を示しています。これにより決定係数を求めてみましょう。

表　入社時の筆記試験の得点と入社3年後の給与額

（単位：万円）

社員番号	筆記試験 x	3年後の給与 y
1	65	345
2	98	351
3	68	344
4	64	338
5	61	299
6	92	359
7	65	322
8	68	328
9	68	363
10	80	326
11	94	371
12	66	315
13	86	348
14	69	337
15	94	351
16	73	344
17	94	375
18	83	361
19	63	326
20	78	387

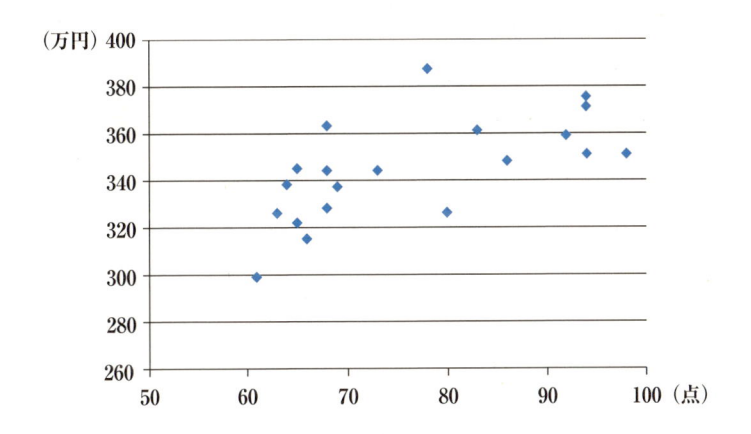

2-4 決定係数 —回帰方程式の精度を表す指標—

回帰方程式
$$y = 1.08x + 261.6$$

ステップ1：yの変動を求める

```
─ 公式 ─────────────────────────
    変動 =（各データ − 平均値）の平方和
```

yの平均値 $= 344.5$
yの変動 $= (345 − 344.5)^2 + (351 − 344.5)^2 + \cdots + (387 − 344.5)^2$
 $= 8863.0$

ステップ2：残差平方和を求める

```
─ 公式 ─────────────────────────
    残差平方和 =（$y$の値 − 回帰方程式より求めた$y$の値）$^2$
```

残差平方和 $=（y$の値 − 回帰方程式より求めたyの値$)^2$
 $= \{345 − (1.08 \times 65 + 261.6)\}^2 + \{351 − (1.08 \times 98 + 261.6)\}^2 +$
 $\cdots + \{387 − (81.08 \times 78 + 261.6)\}^2$
 $= 5329.7$

ステップ３：決定係数を求める

> **ポイント**　決定係数 = $\dfrac{y の変動 - 残差平方和}{y の変動}$

$$決定係数 = \dfrac{8863.0 - 5329.7}{8863.0} = \dfrac{3533.3}{8863.0} = 0.40$$

　この結果より、回帰方程式は、目的変量の40％しか説明していないことがわかりました。したがって、入社試験での筆記試験の成績は、入社後の能力の4割しか説明しないことがわかったのです。

　決定係数は0と1の間の数で、1に近いほど、回帰方程式は資料の分布をよく説明していることになります。下の図は、回帰方程式を実際の相関図の上に書き込んだものです。これくらいが決定係数40％なのです。

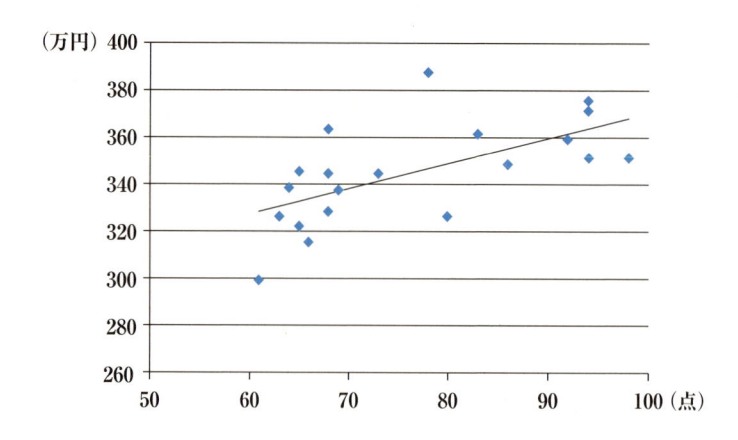

第 3 章

実験計画法と分散分析

- **3-1** 誤差と実験
- **3-2** ラテン方格で因子を調べる
- **3-3** 直交配列表の作り方
- **3-4** 2^3型直交表

3-1 誤差と実験

実験に誤差はつきものです。でもその誤差の特徴や性質がわかっていれば、誤差が生じてもうまく解決策を導くことができます。

さあ、どうぞ！

❶ 因子と水準の組み合わせ

　分散分析の考え方は、科学のあらゆる分野で行われている実験に役だっています。分散分析は少ない回数の実験で、効率よく成果をあげようというときにも応用されています。それが本書で扱う**実験計画法**です。

　たとえば、植物の成長には、日照の有無、水分の多少、土質の3因子が効くと考えられています。ここでいう**因子**について意味を確認しておきましょう。私たちは、複雑な現象を扱うとき、単純な理由で理解しようとすることがよくあります。その単純な理由というのが「因子」にほかなりません。人を理系と文系という2つの因子で整理したりするのもそうです。このように、複雑な現象を単純な因子で理解することは、統計学の世界ではとても重要なのです。

　因子を決めれば、それをいくつかに割り振って実験をします。その因子の割り振りを**水準**（レベル）と言います。

3-1 誤差と実験

ケース1 植物の成長を3つの因子、日照、水分、土質で分析してみましょう。3つの因子の組み合わせにより、成長の早さにどういう違いが出てくるのでしょうか。

3つの因子もそれぞれさらに細かく分類してごらん。たとえば、日照の有無、水分の多少、土質が砂か泥か

$$日照の有無 \quad X \begin{cases} 有 & X_1 \\ 無 & X_2 \end{cases}$$

$$水分の多少 \quad Y \begin{cases} 多 & Y_1 \\ 少 & Y_2 \end{cases}$$

$$土質 \quad Z \begin{cases} 砂 & Z_1 \\ 泥 & Z_2 \end{cases}$$

はどうかな。この場合、水準は2ということになる。つまり、3因子2水準の組みあわせを考えるということじゃ。

とすると、8パターンの実験ですね？

そう思うじゃろ、ところが、次の表の1, 4, 6, 7番の4種類の組み合わせについてだけ実験すればいいのじゃ。

8回分が4回でできちゃうのですか？なぜですか？

そこで実験計画法というのが威力を発揮するんじゃ。

表　3因子2水準の組み合わせ

因子番号	X	Y	Z
1	X_1	Y_1	Z_1
2	X_1	Y_1	Z_2
3	X_1	Y_2	Z_1
4	X_1	Y_2	Z_2
5	X_2	Y_1	Z_1
6	X_2	Y_1	Z_2
7	X_2	Y_2	Z_1
8	X_2	Y_2	Z_2

表　実験計画法による組み合わせ

因子番号	X	Y	Z
1	X_1	Y_1	Z_1
4	X_1	Y_2	Z_2
6	X_2	Y_1	Z_2
7	X_2	Y_2	Z_1

なんかX、Y、Zって文字ばかりですが…。

❷ 実験計画法の基本的な考え方

　私たちの周りにあるいろいろなデータを解析することでわかることはたくさんあります。そのために実験や調査、アンケートを行ってデータを集めます。そのような実験や調査の対象となる現象や結果を表すものを**特性**といいます。言い換えれば、特性の性質を調べたり、特性を改善するための方法をみつけるために、データを取ってくるのです。

　特性とひとことでいっても、いろいろな要因が影響を及ぼしています。どの要因がその特性に関係しているのか、関係しているならば、その要因をどうするとさらによい特性になるのか、といったことを考える必要がでてきます。そのときに、データを計画的に取り、適切な解析方法を与える統計手法の一つが実験計画法なのです。実験や調査の回数がむやみに多くなったり、無駄な費用や労力を費やすのは避けたいところです。

　代表的な実験計画法には、**一元配置実験、二元配置実験**などの**要因配置型実験**やたくさんの要因を取り上げるときに効率的な実験を計画する**直交配列表実験**などがあります。

> **ポイント**
>
> 一元配置実験：1つの因子を取り上げて各水準で繰り返し行う実験。
>
> 二元配置実験：2つの因子を取り上げて各水準組み合わせで行う実験。繰り返しのある場合は、交互作用も判定できる。
>
> 直交配列表実験：多くの因子を取り上げるとき、すべての水準組み合わせではなく、一部水準組み合わせで行う実験。どの水準組み合わせで実験するかを決めることができる。

> 実験計画法っていうと難しそうに聞こえるじゃろうが、実際は普段使っているものに大いに関係しているんじゃ。

> なるほど。いつも使っている電卓とかパソコンも、みんなそういう実験をクリアしてきたんですね。

> まあそんなところじゃ。薬だってそうじゃよ。庭で使う肥料なんかもな。ほら、駅前でアンケート調査をしたりしておるじゃろ？あれも一種の実験計画法じゃ。

> 店頭でやるような商品購入アンケートもありますよ。年齢とかよく使う機能は？等々の項目がありました。

> そうじゃ。ある商品をもっと売れるようにするためにそういうアンケートをメーカーがとって、製品開発に活かしているんじゃな。

アリマ先生のいうように、実験計画法は品質管理、医学、薬学、農学、工学、心理学、マーケティング、社会科学をはじめ、幅広い分野で応用されているのです。

さて、そこで、実験の場を適切に設定する必要があるのは、もうおわかりでしょう。その考え方を示したのがフィッシャーです。フィッシャーは、20世紀最大の数理統計学者で、フィッシャーの3原則という原則を編み出しました。以下、まとめておきましょう。

1. 反復

反復の原則は、同一条件のもとで実験を繰り返すことです。観測誤差の大きさを評価し、推定精度を向上させることができます。

1回しか実験していなければ測定値に違いがあっても、それが条件の違

いによる差なのか、誤差による違いなのか判断できません。そこで、反復による複数回の実験をして誤差のバラツキを求めます。そして、その回数が多いほど多くの情報が得られ、推定の精度も高くなります。

2. 無作為化

　無作為の原則とは、系統誤差を偶然誤差へ転化することです。反復を多くとると、実験回数も増えて時間がかかります。また実験の条件をそろえたり、実験者のくせなどをなくすことは困難になります。このとき、それらに依存した系統誤差が発生するのです。この系統誤差を偶然誤差にする方法が無作為化です。実験を行う順序を"無作為に"決めるので、偶然誤差として処理できるのです。

3. 局所管理

　局所管理の原則とは、系統誤差をなくして精度を向上させることです。何度も繰り返すときには、完全な無作為化を実施するのが困難です。そういうとき、実験の場を条件が均一になるようなブロックにわけることを局所管理といいます。実験装置や実験者といった系統誤差が生じる可能性のある要因ごとにブロックに分け、それぞれのブロック内に比較したい条件を全部入れます。乱塊法は、局所管理を積極的に取り入れた方法です。

　ここまでを記号を使って図にすると次のようになります。

図　実験計画の3原則

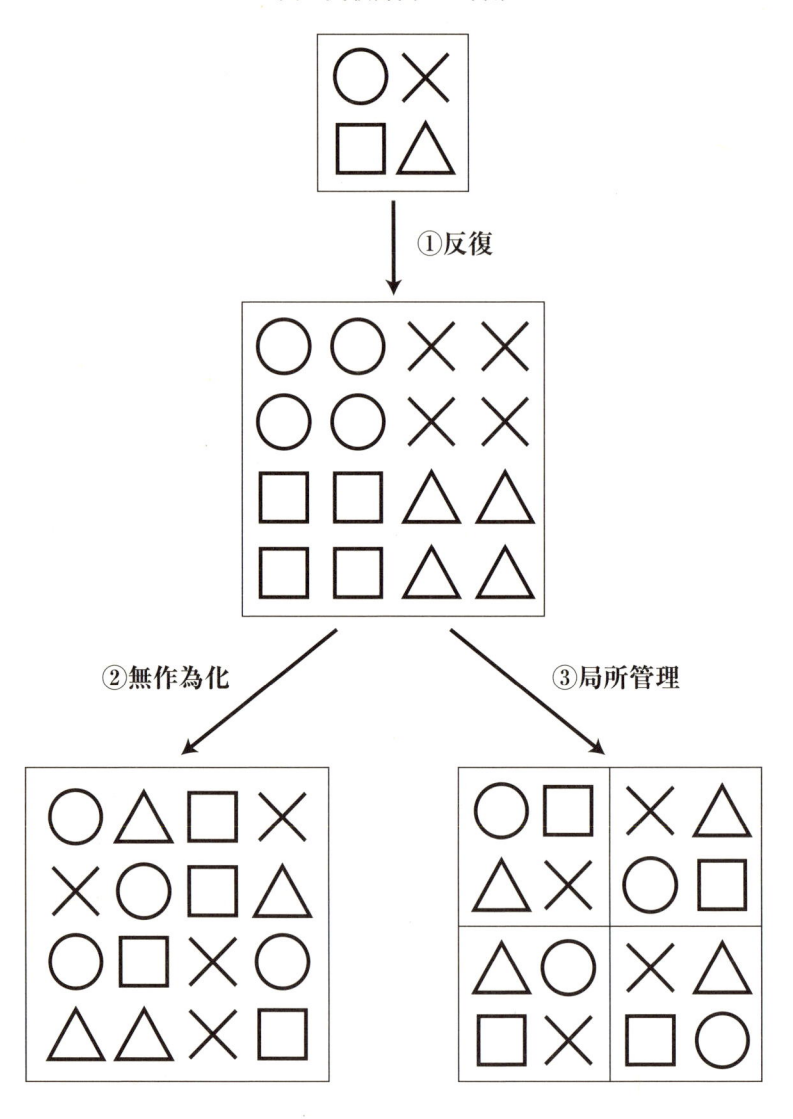

3-1 誤差と実験

ケース2 ある人が「A社製のビールであることを確実に言い当てることができる」と言っています。これが本当かどうかを確かめるための実験を計画してみてください。

へー、確率の問題みたいですね。

これを確かめるには何を調べたらいいかな？

えーっと…他社製のビールも用意しますよね？

そうじゃな。ビールを飲むときの状況も考える必要があるじゃろ。

　A社を含め、代表的な4社のビールを用いた実験を考えてみましょう。ビールを試飲するときの条件を同一（ビールの温度、使うコップなど）にして、4社のビールA, B, C, Dを飲んでもらいましょう。その中からA社のものを当ててもらいます。仮に、当たったとしてもそれが1回だけだと偶然かもしれません。まったく識別能力がなくても、当たる確率は、1/4 = 0.25 もあるのですから。2回続けて当てたら、偶然に当たる確率は、1/4 × 1/4 = 1/16 = 0.0625 です。さらに3回当たったならば同じように計算して、1/64 = 0.0156、4回ならば 1/256 = 0.0039 となります。

さて、ここで問題じゃ。偶然にあたる確率を5%以下にしたいとすると、何回当て続ける必要があるかな？

🐱❓ 2回のとき0.0625＝6.25％、3回のときに0.0156＝1.56％だから、3回ですか？

🎩 そうじゃ。3回続けて言い当てる必要がある。このとき、4種類のビールを飲む順番も考えなきゃいかん。

🐱 味見試験だと、後味も次の味見に関係するから…ですか？

🎩 そうじゃ。そういう偏りをなくすために、試飲の順序を考えて実験計画を立てるのじゃ。たとえば、4回試飲するとすると、こんな順序が考えられる。

表　試飲の組み合わせ

試飲の順序	1	2	3	4
配置1	A	B	C	D
配置2	B	A	D	C
配置3	C	D	A	B
配置4	D	C	B	A

　さらに実験計画法について突き詰めると、日時や場所が変わった場合、得られる結果も異なります。説得力のある実験計画を立案するために、先ほど紹介したフィッシャーの3原則を加味することが好適です。今回のケースについていうと、局所管理の原則として、

- 実験の条件を同一にする→ほかの要因が味の識別に影響しないようにする

ことが実験の精度を高めることになります。また、無作為化の原則として、味見試験では、配置1〜4の順序に偏りのないように、ランダムにし

ます。取り除けない誤差を偶然誤差として評価できるように、データの独立性を保障します。

　もう1つ繰り返しの原則では、4社のビールA, B, C, Dの中からA社のビールを言い当てるテストを繰り返して行います。

> **ポイント**
>
> **実験計画法の進め方**
>
> **ステップ1：データを取る**
> 　データは、無用な誤差を排除するために無作為に取る。完全にランダム化できないときは、実験を分割したり、実験の場をブロックに分けたりすることもある。
>
> **ステップ2：データを分析する**
> 　データのバラツキを要因によるバラツキと誤差によるバラツキに分解し、要因効果があるかどうかを分散分析によって検討する。誤差を捉えることにより、推定値の信頼区間やデータの予測区間を求めることもできる。

誤差についてもまとめておこう。

> **ポイント**
> 偶然誤差：測定ごとにランダムにバラツクもの。
> 系統誤差：測定の繰り返しに対して一定。
> 誤差：真の値と測定値のズレ
> - 標本誤差：標本を取るときに発生
>   母集団からどの標本を取ってくるかによって生じる誤差
> - 計算誤差：データを計算するときに発生
>   四捨五入、切り捨てなどによる丸め誤差、計算を途中でやめて近似値を出したときの打ち切り誤差など。計算誤差をするときには、有効数字に注意します。
> - 測定誤差：データを測定するときに発生

例を挙げてみよう。1mmのメモリの定規で長さを測るとき、0.1mmを目分量で読むときの誤差はどっちだと思うかね？

えっと、偶然誤差ですね。

ご名答！定規が正確でない場合など、測定器の性能によって生じるズレが系統誤差じゃ。

系統誤差が出たら、ちゃんとした機器に変えれば解決するんですよね。

そうじゃな。誤差が出る原因がわかったのじゃから、それを取り除けばいいんじゃな。

3-1 誤差と実験

> それでも系統誤差が出ることはないんですか？

> いい質問じゃ。それがいろいろな環境の条件がからんできて面倒な場合もあるからのお、測定器を取り換えれば済むというものじゃないんじゃ。

> じゃ、どうするんですか？？ 他にやり方はないんですか？

> そういうときにも役に立つのが、ランダムにサンプリングするというやり方じゃ。系統的な誤差を入りにくくすることができるんじゃ。

> **ポイント**
> 偶然誤差：測定の精度を規定するもので、測定のたびにどれくらいの誤差が生じるか不明。
> →十分に繰り返して測定すれば精度を上げることができる

③ 誤差と実験計画法

> アリマ先生、実験をして誤差を取り除いたり、できるだけ小さくしたりするっていうのは何となくわかりました。

> 偶然誤差以外の誤差、すなわち系統誤差を除くことが実験計画の第一歩じゃ。

もう少し身近な例教えてください。

いいじゃろう。たとえば、こんなのもそうじゃ。

ケース3
自動車で走行中、突然目の前に人が飛び出してきた。とっさにブレーキを踏むまでの時間を調べてみましょう。

さて、この実験のときに、考えなくてはいけない要因はなにかな？挙げてごらん。

えーと、人に気が付いてブレーキを踏むまでの反応時間ですよね…。

そうじゃ。その時間は何によって変わってくるかを考えればいいんじゃ。

性別とか年齢とか…ですか？

でもみんな集めてごちゃまぜにして実験してデータを集めたのでは、バラツキがでる。

じゃあどうするんですか？

初めから、層によって分けられるものは分けてデータをとるのじゃ。たとえば、今回の場合は、男と女、さらに青年、中年、老年のグループにわけてしまうのじゃ。これを統計の用語では層別というからついでに覚えておくよい。

> **ポイント** 系統誤差を取り除くためには層別にして実験計画を立てるとよい

Column

統計的検定の手順

1）対立仮説の樹立
　母集団のある特性について、何らかの予測を立てます。この予測を「対立仮説」といいました。対立仮説は、これから正しいことを説得したい仮説のことです。

2）帰無仮説の設定
　正しいと思われる対立仮説を否定した仮説を立てます。この仮説を「帰無仮説」といいます。"棄ててしまいたい"という意味の仮説です。

3）棄却域の設定
　標本調査や実験をして、統計量を得たとき、その値がどんな値のときに、この帰無仮説のもとでは起こりにくいことが起きたと判断するのかをあらかじめ決めておきます。起こりにくい、このような値の範囲を「棄却域」といいます。つまり、ある前提（仮説）を棄てます。起こる確率を「危険率」といいます。「有意水準」とも呼ばれています。

4）検定で用いる統計量の入手
　実際に標本を抽出し、実験したりして、統計量（標本から算出される値）を計算します。

5）仮説の採否の決定
　あらかじめ決めてある判断基準（棄却域の設定）に照らして帰無仮説を棄てるかどうかを決めます。つまり、統計量が棄却域に入れば有意水準αで帰無仮説を棄却し、対立仮説を採択するのです。
　統計量が棄却域に入らなければ、帰無仮説は棄てません。

Column

検定に使われる分布

検定には正規分布のほか、次の"分布トリオ"がよく使われます。

1) t 分布

t 分布は、母分散が未知のときの標本平均に関する分布です。ある集団の平均値についての検定に使われます。たとえば、新しい指導法を導入した結果、生徒の平均点は、従来の平均点より上がったか、などの検定に用いられます。

2) カイ2乗（χ^2）分布

χ^2 分布は、正規分布から導かれる分布で、標本分布に関する分布です。ある集団のバラツキ（標準偏差）についての検定に使われます。たとえば、ダイスを何回か振って、出た目それぞれの回数に偏りがあるか、ある乱数表に0〜9の数字が均等に現れているか、などの検定に用いられます。この分布は利用度が高く、とくに「適合度の検定」や「独立性の検定」によく用いられます。

※正規分布に依存しない統計的手法であたらしい解釈ができる

3) F 分布

F 分布は、正規分布から導かれる分布で、標本分布の比の分布です。2つの集団のバラツキ（分散、つまり標準偏差の2乗）の比についての検定に用いられます。たとえば、機械Aと機械Bで同じ部品を作るとき、寸法のバラツキはどちらが小さいか、などの分散分析における検定や2組の観測資料の分散の比に関する検定などに用いられます。

3-2 ラテン方格で因子を調べる

直交表ということばを聞いたことがありますか？データが多く、因子をきちんと絞りこんだり、因子同士の交互作用分析もしっかりしなければいけない実験計画法ではよく使います。

さあ、どうぞ！

　積極的に新しい経験を追及して、そこから貴重な教訓を得ようとするのが"実験"です。実験に臨むに際して、何の作戦も持ち合わせていなければ、犠牲が多くて、効果が上がらないのも当然です。そこで、作戦の基本ルールとなるのが、なるべく少ない手数で、多くの情報を得ることのできる「実験計画法」でしたね。

　実験計画法というのは、必要とする情報をなるべく少ない労力と費用で、しかも信頼できる情報を集めるにはどうしたらよいかという計画を教えてくれるものです。そのために、効率のよい実験計画の立て方と実験データの分析法（分散分析）の両輪から成り立っています。そして、企業レベルの実験に際しては、実験に要する経費や時間を節約し、実験結果に対して正当な判断を下すための切り札としての地位を確立しています。

　これまで、一元配置法、二元配置法、三元配置法を説明してきましたが、これらのほかにこれからお話する**ラテン方格**も含まれます。それぞれに特徴があって、共通点がないように見えますが、これらの計画を一つの体系にまとめあげることができると大変便利です。実は、本節で説明する

3-2 ラテン方格で因子を調べる

「直交配列表」は、その目的にかなったものです。二元配置法やラテン方格は、直交配列表の一部と考えることができます。

🎩 さっそく、ラテン方格の話をはじめよう。

🐱 なんですか、それ。

🎩 下の図を見てごらん。

図　ラテン方格の見方

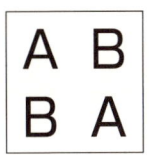

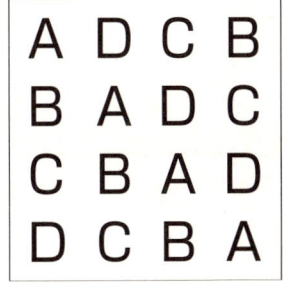

```
A B        A C B        A D C B
B A        B A C        B A D C
           C B A        C B A D
                        D C B A
```

🎩 同じ文字がどの行にも列にも、ただ1回入っているのがわかるかね？

🐱 ……。

🎩 行と列は同じ数だけ要素が入っている正方形じゃ。

ラテン方格は、**ラテン格子**、**ラテン方陣**とも呼ばれていますが、方格も格子も方陣も"四角いマス目"を意味しています。もともとラテン文字で書かれたので、ラテン○○と呼んでいます。

ラテン方格が書けるためには、1つだけ条件があります。それは、因子の水準が同数であることです。同数でなければラテン方格はできません。同数ならば必ずできます。ケース4に、水準の数が2つ、3つ、4つの場合のそれぞれについて、ラテン方格の1例を書きました。このようなラテン方格を利用して、少ない回数の実験で、多くの因子の効果を確認しようという手法は、実験計画法の中でも重要な地位を占めています。

> 因子の水準の数が同じじゃないと、正方形にならないですもんね。

> そうじゃ。ラテン方格を利用すると、少ない回数の実験で、多くの因子の効果を確認できるのじゃ。じゃあ、具体的にどう使っていくのかみてみよう。

ケース4

セラミックスの硬さに影響がある原因として、原料配合比、添加剤、焼成温度をそれぞれ4水準にとり、ラテン方格を作って実験した結果は次のとおりであった。これよりどの因子が硬さに影響を及ぼしているといえるか調べなさい。

表 ラテン方格による実験（セラミックスの硬さ実験）

添加剤	温度			
	1100℃	1200℃	1300℃	1400℃
Ⅰ	A 42	B 51	D 60	C 65
Ⅱ	C 46	D 55	B 59	A 61
Ⅲ	B 40	C 52	A 54	D 71
Ⅳ	D 46	A 49	C 61	B 63

（注）A,B,C,D は配合比の種類を表す

3-2 ラテン方格で因子を調べる

> どうやればいいか、イメージできるかね？

> えっと、因子が多すぎてわかりません。

> とりあえず、数字が大きいから、50を引いて、計算しやすい数字に変換しておいたらどうじゃ？

はーい！

アイアイサー！

数値変換表は次のようになりました。

表　数値変換表　（データ）− 50

添加剤	温度				計
	1100℃	1200℃	1300℃	1400℃	
Ⅰ	A −8	B 1	D 10	C 15	18
Ⅱ	C −4	D 5	B 9	A 11	21
Ⅲ	B −10	C 2	A 4	D 21	17
Ⅳ	D −4	A −1	C 11	B 13	19
計	−26	7	34	60	75

そうしたら、今度は、配合比の種類によってどういう結果になっているか見てみるのじゃ。

配合比A〜Dごとに数字を拾って足していけばいいですか？

そうじゃ。配合比の種類によってどういう違いが出ておるかのぉ。

配合比の種類の合計は下のようになりました。

A： 6
B：13
C：24
D：32
―――――――
計：75

この75という数字は、分散分析で修正項を求めるときに使うからのぉ。
それでは、2乗表もついでに作っておくかのぉ。

計算表−50をした表の2乗表ですか？

そうじゃ。温度と添加剤から出た硬度の2乗表じゃ。

表 2乗表

64	1	100	225
16	25	81	121
100	4	16	441
16	1	121	169
	計	1501	

2乗表ができたから次は分散分析表ですね。

そうじゃ。だんだん手順が身についてきたようじゃな。ここまでくればあとは分散分析表の作成ができるのお。

$$修正項 = \frac{75^2}{16} = \frac{5625}{16} = 352$$

$$総変動 = 1501 - 352 = 1149$$

$$添加剤の変動 = \frac{18^2 + 21^2 + 17^2 + 19^2}{4} - 352 = 2 \;(添加剤間)$$

$$温度の変動 = \frac{(-26)^2 + 7^2 + 34^2 + 60^2}{4} - 352 = 1018 \;(温度間)$$

$$配合比の変動 = \frac{6^2 + 13^2 + 24^2 + 32^2}{4} - 352 = 99 \text{（配合比間）}$$

誤差変動 = 1149 − 1018 − 2 − 99 = 30

表　分散分析表

要因	変動	自由度	不偏分散	分散比
温度	1018	3	339	67.8**
添加剤	2	3	0.7	—
配合比	99	3	33	6.6*
誤差	30	6	5.0	
計	1149	15		

よろしい。分散分析表ができたのお。そうすると、今回のケースの結論はどう言えるかな。

"温度と配合比は製品の硬さには影響を与えるが、添加剤の影響は認められない"ですか？

そのとおりじゃ。よくできたのお。

　私たちが実験をする場合には、1つ1つ因子をバラバラにして実験するのと、いくつかの因子を組み合わせて実験するのと、どちらが有利になるでしょうか。考えてみましょう。

3-2 ラテン方格で因子を調べる

ケース5

ある化学製品の製造実験で、反応条件の因子として、A、B、Cを取り、それぞれに次の2水準を取り上げたとします。

A：温度　　A_1（120℃）　A_2（140℃）
B：時間　　B_1（30分）　　B_2（45分）
C：濃度　　C_1（10%）　　C_2（20%）

どんな実験をするかな。

えっと、温度を120℃にするか、140℃にするか？

時間を30分にするか、45分にするか。

あ、濃度についてもやらないといけないから・・・。濃度を10%にするか、20%にするか？かな。

ふつうは単純にそう考えるじゃろな。でも実験計画法を知っていると違ってくるのじゃ。

えー、ほかにもあるんですか？これで十分じゃないですか！？

実験計画法を知らない人たちがやりそうな実験を3つ整理しておきましょう。

(1) 温度を120度にするか、140度にするかを知るための実験（表の1）

(2) 時間を30分にするか、45分にするかを知るための実験（表の2）
(3) 濃度を10％にするか、20％にするかを知るための実験（表の3）

まだ調べなくちゃいかんことがあるのじゃ。下の表をみてごらん。

表　3要因2水準の実験

要因	1 温度		2 時間		3 濃度	
水準	A_1	A_2	B_1	B_2	C_1	C_2
①	x_{11}	x_{21}	x_{11}	x_{21}	x_{11}	x_{21}
②	x_{12}	x_{22}	x_{12}	x_{22}	x_{12}	x_{22}
③	x_{13}	x_{23}	x_{13}	x_{23}	x_{13}	x_{23}
④	x_{14}	x_{24}	x_{14}	x_{24}	x_{14}	x_{24}
平均	$\dfrac{①+②+③+④}{4}$		$\dfrac{①+②+③+④}{4}$		$\dfrac{①+②+③+④}{4}$	

えー！！こんなにあるんですか！　6×4＝24回もありますよ！

そうあわてんでもよい。3要因の水準のあらゆる組み合わせを考えても、実は8回で十分なのじゃ。

どうしてですか？それで漏れなくできるのですか？

それが実験計画法を知っているか知らないかの違いじゃ。

ねこすけのいうように、6×4で24通りと考えてしまいそうです。しか

し、次のように考えると、8回で十分なのです。3つの因子の水準のあらゆる組み合わせは、$2 \times 2 \times 2 = 8$ 通りになります。このように、取り上げた因子の水準のあらゆる組み合わせについて実験する方法を**多元配置方法**といいます。

表　多元配置法

		A_1	A_2
B_1	C_1	$A_1B_1C_1$	$A_2B_1C_1$
	C_2	$A_1B_1C_2$	$A_2B_1C_2$
B_2	C_1	$A_1B_2C_1$	$A_2B_2C_1$
	C_2	$A_1B_2C_2$	$A_2B_2C_2$

① Aの比較

それでは、まずAの比較からやってみましょう。A_1 と A_2 の比較は、A_1 のつく実験の測定値の平均をそれぞれ求めて、次の表のように比較します。A_1 で実験した測定値の平均値は、4で割ることから、A_1 の影響、B_1、B_2、C_1、C_2 の影響をそれぞれ1/2受けていることになります。したがって、(A_2 の平均値 － A_1 の平均値) は、B、Cの影響は打ち消され、A_2 の影響と A_1 の影響の違いを示していることになります。つまり、最初に示した表の1の実験をしたのと同じ結果が得られたことになります。

表　Aの測定値の比較

	A_1	A_2
①	$A_1B_1C_1$	$A_2B_1C_1$
②	$A_1B_1C_2$	$A_2B_1C_2$
③	$A_1B_2C_1$	$A_2B_2C_1$
④	$A_1B_2C_2$	$A_2B_2C_2$
平均	$\dfrac{①+②+③+④}{4}$	$\dfrac{①+②+③+④}{4}$

② BやCの比較

BやCについても同様に考えることができます。

表　Bの測定値の比較

	B_1	B_2
①	$A_1B_1C_1$	$A_1B_2C_1$
②	$A_1B_1C_2$	$A_1B_2C_2$
③	$A_2B_1C_1$	$A_2B_2C_1$
④	$A_2B_1C_2$	$A_2B_2C_2$
平均	$\frac{①+②+③+④}{4}$	$\frac{①+②+③+④}{4}$

表　Cの測定値の比較

	C_1	C_2
①	$A_1B_1C_1$	$A_1B_1C_2$
②	$A_1B_2C_1$	$A_1B_2C_2$
③	$A_2B_1C_1$	$A_2B_1C_2$
④	$A_2B_2C_1$	$A_2B_2C_2$
平均	$\frac{①+②+③+④}{4}$	$\frac{①+②+③+④}{4}$

Aの場合と同様に、Bの場合もB_1とB_2の比較ができます。上の表より、（B_2の平均値－B_1の平均値）は、A、Cの影響が打ち消され、B_2の影響とB_1の影響の違いを示していることになります。表の3要因2水準の実験の2を行ったのと同じ結果が得られました。

Cの測定値の比較についても同様に考えることができます。多元配置法の表から、Cの測定値の比較のようにC_1とC_2の比較ができます。（C_2の平均値－C_1の平均値）は、A、Bの影響が打ち消されて、C_2の影響とC_1の影響の違いを示していることになり、3要因2水準の実験表3の実験をし

たときと同じ結果が得られました。

　以上をまとめると、3要因2水準の実験の24個が、あらゆる因子の組み合わせを考えた条件で実験をすればわずか8個でいいことになります。無駄なく、漏れなく効率よく実験できたことがおわかりでしょう。

3-3 直交配列表の作り方

実験計画法では、要因の数は2つや3つではありません。要因は多いのがふつうです。そんなときに威力を発揮するのが直交配列表です。

さあ、どうぞ！

　直交配列表（略して直交表）としてよく使われるのが2^n型（2のn乗型）です。**2^n型直交配列表**を作るときに使われる数の数え方は2進法です。0から始まると、0,1,10,11,100…というように、0の次は1で、1の次は2けたの数になって、1ケタの数字は再び0になり、つまり10になります。

　2^2型直交表からまずやってみましょう。2けたの2進法の数を小さいものから順に並べた表（左）から作ります。この表にある1列の数と2列の数をかけあわせて、第3列を作ります。1列と2列の数は、次のルールで掛け合わせます。常識と違うのは、最後の$2 \times 2 = 1$の部分です。

1	1	$1 \times 1 = 1$
1	2	$1 \times 2 = 2$
2	1	$2 \times 1 = 2$
2	2	$2 \times 2 = 1$

　このようにして作った3列を表につけたすと、下のような2^2型直交表が得られます。

3-3 直交配列表の作り方

表 2^2型直交配列表

1列	2列	3列
1	1	1
1	2	2
2	1	2
2	2	1

🤠 それでは4ケタの場合はどうなるかね？

🐱 1と2を順番に並べていけばいいんですよね。

🐭 やってみる？

表 2^4型直交配列表

1 1 1 1	2 1 1 1
1 1 1 2	2 1 1 2
1 1 2 1	2 1 2 1
1 1 2 2	2 1 2 2
1 2 1 1	2 2 1 1
1 2 1 2	2 2 1 2
1 2 2 1	2 2 2 1
1 2 2 2	2 2 2 2

> 4ケタの数は16個できました。

（1）交互作用のないとき

　反応条件を調べようとして、因子に次のような3つのA、B、Cを取り上げて各水準の実験をしたとしましょう。この場合、3つの因子のことをそれぞれ**主効果**といいます。

因子	水準
A　温度	120℃（A_1）と140℃（A_2）
B　時間	30分（B_1）と45分（B_2）
C　濃度	10%（C_1）と20%（C_2）

①$2^2$型直交表の各列に主効果（3つの因子）を割り付ける

表　2^2型直交表への割付け

列\No.	1	2	3
1	1	1	1
2	1	2	2
3	2	1	2
4	2	2	1
割付け	A	B	C

　したがって、上の表より、次の4個の実験をすれば十分であることがわかります。

$$No.1 \rightarrow A_1\ B_1\ C_1$$
$$No.2 \rightarrow A_1\ B_2\ C_2$$
$$No.3 \rightarrow A_2\ B_1\ C_2$$

$$No.4 \rightarrow A_2 B_2 C_1$$

②Aの測定値の比較

そこで、次の表のように、A_1で実験した測定値の平均値と、A_2で実験した測定値の平均値を比較してみましょう。

表 Aの測定値の比較

	A_1	A_2
①	$A_1B_1C_1$	$A_2B_1C_2$
②	$A_1B_2C_2$	$A_2B_2C_1$
平均	$\dfrac{①+②}{2}$	$\dfrac{①+②}{2}$

これより、A_1の平均値は、A_1の影響とB_1、B_2、C_1、C_2のそれぞれ1/2の影響を受けることになります。また、A_2の平均値は、A_2の影響とB_1、B_2、C_1、C_2のそれぞれ1/2の影響を受けることになります。これからA_2の平均値からA_1の平均値を差し引いたものは、B、Cの影響が打ち消されて、A_2とA_1の影響の違い、すなわち、主効果Aが求められます。

③Bの測定値の比較

同様にして、次表のように、B_2で実験した測定値の平均値とB_1で実験した測定値の平均値の差から、主効果Bを求めることができます。

表 Bの測定値の比較

	B_1	B_2
①	$A_1B_1C_1$	$A_1B_2C_2$
②	$A_2B_1C_2$	$A_2B_2C_1$
平均	$\dfrac{①+②}{2}$	$\dfrac{①+②}{2}$

④Cの測定値の比較

同様に、C_2で実験した測定値の平均値をC_1で実験した測定値の平均値の差から、主効果Cが求められます。

表　Cの測定値の比較

	C_1	C_2
①	$A_1B_1C_1$	$A_1B_2C_2$
②	$A_2B_2C_1$	$A_2B_1C_2$
平均	$\dfrac{①+②}{2}$	$\dfrac{①+②}{2}$

以上をまとめると次のようになります。

因子の水準のあらゆる組み合わせについて、8個の条件を実験する多元配置に比べて、直交表を使って4個の条件を実験すれば、主効果A、B、Cを求めることができます。

(2) 交互作用のあるとき

それでは、次のステップにいこう。さっきのは交互作用がない場合じゃ。じゃあ、交互作用があるときはどうするかね？

"交互作用があるとき"ってどういうことでしたっけ…？

"交互作用がない"というのは、因子同士なにも影響しあっていないということじゃ。だから、"交互作用があるとき"というのは、複数の因子が影響を及ぼし合って結果をもたらしているということじゃ。

なるほど。交互作用の意味を思い出しました。分散分析でさんざんでてきましたね。

交互作用について復習しておこう。交互作用とは、2つの因子が絡み合って作りだす効果のことじゃった。一方が他方の影響を受けて強い効果を発揮したり、逆に、負の効果を発揮したりするのじゃ。これが交互作用じゃ。

思い出しました。薬の効果、副作用とか、食べ合わせのようなイメージでしたね。

それじゃあ、魚油に水素を添加して硬化油を作る実験を例にその直交表を考えてみよう。

ケース6

製造工程について次のことが知りたいとしましょう。

触媒(C)　　：C_1とC_2ではどちらを使ったらよいだろうか
反応温度(T)：T_1とT_2ではどちらを使ったらよいだろうか

この場合、割り付ける要因は2つですから、次のような2^2型直交表を作ります。

表 2^2型直交表への割付け

要因	触媒C	反応温度T	触媒×反応温度 C×T
行＼列	1	2	3
1	1	1	1
2	1	2	2
3	2	1	2
4	2	2	1

(i) 触媒Cの影響

　触媒Cついて、C_1がよいか、C_2がよいかを見極めるには、1列に1という数字のある実験データの和、すなわち、1行と2行のデータの和と、1列に2という数字のある実験データの和、すなわち、3行と4行のデータの和を比べればわかります。なぜかというと、1行と2行のデータの和には、C_1の影響が二度と、T_1とT_2の影響が各一度だけ含まれ、3行と4行のデータの和には、C_2の影響が二度と、T_1とT_2の影響が各一度だけ含まれています。したがって、1行と2行のデータの和（8）と、3行と4行の和（10）を比べると、その違い（10－8＝2）は、C_1とC_2の影響によるものだということになります。

(ii) 反応温度Tの影響

　同様に、2列に1という数字のある実験データの和、すなわち、1行と3行のデータの和と、2列に2という数字のある実験データの和、すなわち、2行と4行のデータを比べればよいことになります。

　さて、ここで上記の実験で、硬化油の品質特性のデータが、次の表のようであったとして、実際に計算してみましょう。

表　実験データ

要因 行\列	C 1	T 2	C×T 3	品質特性を表すデータ
1	1	1	1	63
2	1	2	2	73
3	2	1	2	61
4	2	2	1	52

(i) 触媒Cの影響

　　1列に1という数字のある実験データの和：63 + 73 = 136
　　1列に2という数字のある実験データの和：61 + 52 = 113

　したがって、C_1とC_2では、C_1の触媒を使ったほうが、品質特性のよい硬化油ができるという結論になります。

(ii) 反応温度Tの影響

　　2列に1という数字のある実験データの和：63 + 61 = 124
　　2列に2という数字のある実験データの和：73 + 52 = 125

　したがって、温度はT_1でやってもT_2でやっても、製品の品質特性には影響がないといえます。

(iii) 触媒Cと反応温度Tの交互作用

　　3列で1という数字のある実験データの和：63 + 52 = 115
　　3列で2という数字のある実験データの和：73 + 61 = 134

　したがって、交互作用の影響は、触媒の影響と同じ程度だということがわかりました。

🐱❓ 因子3つについて調べたんですが、結局このケースはどういうことになるんですか？

🎩🐱 いくつか挙げてみようかのお。
1. 触媒はC_1のほうがいい
2. 温度だけでは結果に変わりはない
3. 今回のケースの場合は触媒C_1を使うことがポイント

🐱 温度は何度でもいいんですね。

🎩🐱 温度設定がかわった場合はまた結果が違ってくるかもしれん。触媒Cがもっとよく働く温度というのがあるかもしれんからな。条件には常に注意が必要じゃよ。

3-4 2^3型直交表

直交表が威力を実感するのは、もっと因子が増えたときです。ここでは直交表をどんどん作って、パターンを覚えてみましょう。

さあ、どうぞ！

3 実験計画法と分散分析

さっき2^2型直交表をやったのを覚えているかな？

3つの因子のときに作ったやつですね？

そうじゃ。それと同じような要領で、2^3型直交表も同じ要領で作ることができるんじゃ。2^2型の復習もかねてやってごらん。

手順がたくさんあってくらくらします〜。アーミーも手伝って。

🐱 3ケタの2進数から作るから…。まずこうなるかな。

1	1	1
1	1	2
1	2	1
1	2	2
2	1	1
2	1	2
2	2	1
2	2	2

🐱 えっと、次にやるのは…。1列目と2列目から3列目をつくっちゃおう。

🐶 こうかな？

```
1列   2列   3列
 ↓    ↓    ↓
 1 ×  1  =  1
 1 ×  1  =  1
 1 ×  2  =  2
 1 ×  2  =  2
 2 ×  1  =  2
 2 ×  1  =  2
 2 ×  2  =  1
 2 ×  2  =  1
```

3-4 2³型直交表

ちょっとまって。2×2＝1なの？アリマ先生、これ合ってますか？

アーミーの計算は正しいぞ。2進法だから、2×2＝4じゃなくて、1になるのじゃ。それから、今の計算で出た数字を3列目にもってくるとこうなる。

表　直交表の計算

1列	2列	3列（1×2）	4列
1	1	1	1
1	1	1	2
1	2	2	1
1	2	2	2
2	1	2	1
2	1	2	2
2	2	1	1
2	2	1	2

えっと、先生、この先は？

じゃあ、ここから先は説明しよう。
1列と4列をかけあわせて5列を作る、それから2列と4列をかけあわせて6列を作るのじゃ。2×2＝1になるから注意するのじゃよ。それ以外の掛け算のルールはさっきねこすけがやっておったとおりじゃ。

こうなりますね？？

表 2^3型直交配列表（L_8直交表）

1列	2列	3列(1×2)	4列	5列(1×4)	6列(2×4)	7列(3×4)
1	1	1	1	1	1	1
1	1	1	2	2	2	2
1	2	2	1	1	2	2
1	2	2	2	2	1	1
2	1	2	1	2	1	2
2	1	2	2	1	2	1
2	2	1	1	2	2	1
2	2	1	2	1	1	2

そう、これが2^3型直交表じゃ。
2水準の因子A, B, C, D, Eがあり、交互作用がない場合にこれが大活躍するのじゃ。
使い方を説明しよう。
主効果A, B, C, D, Eを2^3型直交表の7列のどの列から求めるかをまず決めてしまおう。たとえば、各列から主効果を求めることを考えてみよう。

表 列番号と主効果の割当

列	→主効果
1	A
2	B
3	C
4	D
5	E

表　割り当て後の表

列番 No.	1	2	3	4	5	6	7
1	1	1	1	1	1	1	1
2	1	1	1	2	2	2	2
3	1	2	2	1	1	2	2
4	1	2	2	2	2	1	1
5	2	1	2	1	2	1	2
6	2	1	2	2	1	2	1
7	2	2	1	1	2	2	1
8	2	2	1	2	1	1	2
割付け	A	B	C	D	E		

直交表を横に見て、数字を、主効果を求めようとした因子の水準を示すと考えると、8個の条件は次のようになるのじゃ。

図　実験の内訳

A_1	B_1	C_1	D_1	E_1
A_1	B_1	C_1	D_2	E_2
A_1	B_2	C_2	D_1	E_1
A_1	B_2	C_2	D_2	E_2
A_2	B_1	C_2	D_1	E_2
A_2	B_1	C_2	D_2	E_1
A_2	B_2	C_1	D_1	E_2
A_2	B_2	C_1	D_1	E_2
A_2	B_2	C_1	D_2	E_1

この8個の条件について実験すればいいんですね？

そうじゃ。そうすると、求めようとしている主効果A, 主効果B, 主効果C, 主効果Eがわかる。5つの因子の水準のいろんな組み合わせについて、実験するとなると、32通りもやらなきゃいけないのじゃ。ところが、主効果だけで済むのじゃ。2^3型直交表は便利じゃろ？

図　水準の組み合わせ

			A_1		A_2	
			B_1	B_2	B_1	B_2
C_1	D_1	E_1	■			
		E_2				■
	D_2	E_1				■
		E_2	■			
C_2	D_1	E_1		■		
		E_2			■	
	D_2	E_1			■	
		E_2		■		

実験結果として、$y_1 \sim y_8$が出てきたとしよう。

図　実験の内訳と結果

A_1	B_1	C_1	D_1	E_1	y_1
A_1	B_1	C_1	D_2	E_2	y_2
A_1	B_2	C_2	D_1	E_1	y_3
A_1	B_2	C_2	D_2	E_2	y_4
A_2	B_1	C_2	D_1	E_2	y_5
A_2	B_1	C_2	D_2	E_1	y_6
A_2	B_2	C_1	D_1	E_2	y_7
A_2	B_2	C_1	D_2	E_1	y_8

主効果を求めるには、2^2型直交表の例（1）と同じようにします。たとえば、A_1とA_2とどちらがよいか（主効果A）を調べたいとき、次の表のようにA_1の実験で得られた測定値（y_1、y_2、y_3、y_4）の平均と、A_2の実験で得られた測定値（y_5、y_6、y_7、y_8）の平均とを比較すればよいのです。

表　主効果を求める表

	A_1	A_2
	y_1	y_5
	y_2	y_6
	y_3	y_7
	y_4	y_8
平均	$\bar{y}_{A1}$	$\bar{y}_{A2}$

この計算をするのに、いちいち上のような表を作らなくても、次の表のように、測定値を元の直交表の横に記入して、主効果Aを求める場合には、Aを求めようとした列と測定値とを見比べて、1と書いてあるNo.での測定値、y_1、y_2、y_3、y_4の平均を求めれば、上の表の平均$\bar{y}_{A1}$が得られ、2と書いてあるNo.での測定値y_5、y_6、y_7、y_8の平均を求めれば、上の表の平均$\bar{y}_{A2}$が得られます。

表 2^3型直交表への割付け

No. \ 列番	1	2	3	4	5	6	7	測定値
1	1	1	1	1	1	1	1	y_1
2	1	1	1	2	2	2	2	y_2
3	1	2	2	1	1	2	2	y_3
4	1	2	2	2	2	1	1	y_4
5	2	1	2	1	2	1	2	y_5
6	2	1	2	2	1	2	1	y_6
7	2	2	1	1	2	2	1	y_7
8	2	2	1	2	1	1	2	y_8
割付け	A	B	C	D	E			

他の主効果についても同様にして求めることができます。

主効果Dについて、練習でやってごらん。

Dは列4から求めようとしているから、列4にある数字のうち、1とあるところを抜き出すと

$$\bar{y}_{D1} = \frac{1}{4}(y_1 + y_3 + y_5 + y_7)$$

になりますね。2とあるところも同じようにして

$$\bar{y}_{D2} = \frac{1}{4}(y_2 + y_4 + y_6 + y_8)$$

となるから、この2つを比較すればいいんですよね。

いい調子！ちなみに、特に割り付けなかった列6についても平均を計算してみると、必ずしも等しくならない。これはおもしろいじゃろ？

どういうことなんですか？

同じ条件で実験したときのばらつきがあることを示しているんじゃ。

ばらつきはあるってことなんですね。そしてそれがちゃんと数字になってでてくるんですね。なんか不思議。

ケース7

工場におけるプラスチック製品の強度に及ぼす影響を調べるために実験をします。このとき、因子としては、次のようなものを考えます。

1) 温度：従来作業していた温度とそれより高いもの　2水準　（Aとする）
2) 圧力：従来、作業していた圧力とそれより高いもの　2水準　（Bとする）
3) 時間：従来作業していた加圧時間とそれより長いもの　2水準　（Cとする）
4) 作業者：熟練者と未熟練者　（Dとする）
5) 温度と圧力の交互作用　（Eとする）

この場合、全部の組み合わせをすれば2^4となり、16回の実験を必要としますが、直交列を使うと、8回の実験で済むことがわかります。その割付け型は、次の表のようになります。その組み合わせに従って実験した測定値は、表の右側の値で、実測値より一定数を引いてあります。

表　直交表への割付け

列番号 実験番号	1	2	3	4	5	6	7	測定値
1	0	0	1	0	1	1	0	−2
2	1	0	0	0	0	1	1	−1
3	0	1	0	0	1	0	1	0
4	1	1	1	0	0	0	0	3
5	0	0	1	1	0	0	1	−2
6	1	0	0	1	1	0	0	4
7	0	1	0	1	0	1	0	−4
8	1	1	1	1	1	1	1	6
割付け	A	B	$A \times B$	C	E_1	D	E_2	

　分散分析表を作ると、次のようになります。分散比は、いずれもF表（0.05）の18.5よりも小さいから有意差はありません。しかし、この分散分析表よりわかるように、因子A（温度）が断然多いので、A、B、$A \times B$、C、Dなどの因子の中ではAが一番効いているといえるでしょう。

3-4 2^3型直交表

表　分散分析表

要因	変動	自由度	不偏分散	分散比
A	50	1	50	5.........
B	4.5	1	4.5	
$A \times B$	4.5	1	4.5	
C	2	1	2	
D	4.5	1	4.5	
E	18.5	2	9.25	

先生、直交表以外になにかないのですか？もっと効率的にできる方法があれば教えてください。

そうじゃな。**線点図**という図がある。これは因子間の交互作用を考えたいときに役立つのじゃ。紹介しておこう。

　実験に取り上げた因子の間に交互作用がなく、主効果だけを求めればよい場合は直交表で十分だったかもしれません。しかしながら、実験に取り上げられる因子の間には交互作用があると考えられるケースが多いです。交互作用を考慮して、直交表のどの列からどの主効果を求めるかを決めるときに役立つのが線点図なのです。たとえば2水準の場合、L_4（2^2型直交表）の線点図とL_8（2^3型直交表）の線点図は下のようになります。

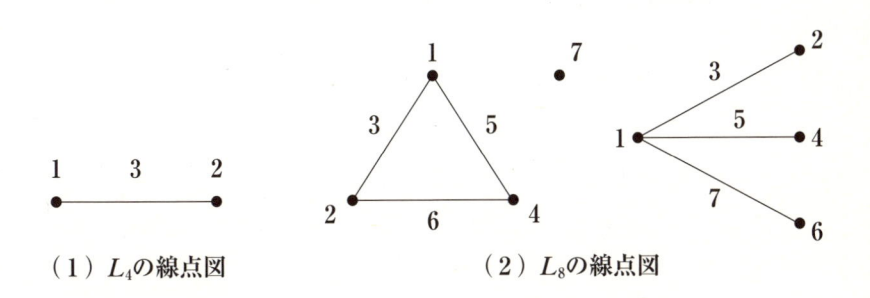

（1）L_4の線点図　　　（2）L_8の線点図

数字…直交表の列番
点…主効果を割付ける列
線…両端の点に割付けた主効果に対する2つの因子間の交互作用が現れる列

　実験で取り上げた因子について、主効果と交互作用を結ぶ線で表現しています。直交表への因子や交互作用の割付けが一目で理解できるのがおわかりでしょうか。線と点とで構成されているので、この名があります。**点線図**とも呼ばれています。

　直交配列表には、主効果と交互作用の現れる列の関係を線と点で図示した線点図があらかじめ用意されています。実験に必要な線点図と同じ構造を用意された線点図を見つけることができれば、対応する列に割付けることができます。

　たとえば、L_4の線点図では、列1と列2から主効果を求めることにすると、その因子間の交互作用は列3から求められることを示しています。

　3-2のケース5で挙げた温度、時間、濃度の例では、列1と列2から主効果を求め、因子間の交互作用は列3から求められることを示しています。実験の手順はこうです。

ステップ1：実験で求めようとする情報は、主効果A、B、Cと交互作用A×B、A×C、B×Cの6個だからL_8を利用する。

ステップ2：主効果A、B、Cを点で表し、交互作用A×BをAとBの点で結ぶ線、交互作用A×CをAとCで結ぶ線、交互作用B×CをBとCで結ぶ線で示す。

ステップ3：今の場合L_8を使用する。列1から主効果A、列2から主効果B、列4から主効果Cを求めることにすると、列3から交互作用A×B、列5から交互作用A×C、列6から交互作用B×C

図　線点図への割付け

を求めることになる。

ステップ4：直交表の列に求めようとしている効果を割付ける

表　2^3型直交表への割付け

列番 No.	1	2	3	4	5	6	7
1	1	1	1	1	1	1	1
2	1	1	1	2	2	2	2
3	1	2	2	1	1	2	2
4	1	2	2	2	2	1	1
5	2	1	2	1	2	1	2
6	2	1	2	2	1	2	1
7	2	2	1	1	2	2	1
8	2	2	1	2	1	1	2
割付け	A	B	A×B	C	A×C	B×C	

ステップ5：主効果を割付けた列だけを選び出す

表　主効果の割付け

因子 No.	A	B	C
1	1	1	1
2	1	1	2
3	1	2	1
4	1	2	2
5	2	1	1
6	2	1	2
7	2	2	1
8	2	2	2

　No.1の行に着目してみましょう。Aは1、Bは1、Cは1ですから、この実験を言葉で表すと「温度は120度、時間は30分、濃度は10％とする」ということになります。No.2以降の行についても同じように考えていくと、8個の実験条件からどんな実験をすればよいのかがわかります。

Column

実験計画法のまとめ

　実験計画法とは、効率のよいデータの取り方を計画し、適切な解析結果を与えることを目的とする統計的手法です。製品開発や研究分野で広く使われています。

　実験計画法はたくさんの要因を取り上げるときに効率的な実験を計画する直交配列表実験を行います。その実験をするときの手順と注意について、次にまとめてみましょう。

①目的を明確にする。
　実験をするにあたっては、その実験の意図するところをはっきりしておかなければなりません。

②要因を選定する。
　目的が決まったら、次に目的を達成するために現状を調べて、目的としているものに影響する要因を列挙します。この場合に、要因はできる限り多くあげます。要因の選定が終わったら、その効果の大きいものを選んで因子とし、取り上げる因子と交互作用を決めます。
　因子とするものは、効果の大きいものと費用と損失の少ないものを選びます。

③実験の計画
　適切な直交配列表を選び要因を割付け、実験を行う水準の組み合わせを決めます。

④実験の実施
　得られた水準組み合わせで実験を行い、データを取ります。実験は番号の順にするのではなく、ランダムに決めなければなりません。

⑤分散分析
　データを整理して分散分析表にまとめ、F分布表によって要因効果の有無を検定します。

Column

統計用語の要約

　統計学で最初に戸惑うのが用語です。すでに本文で説明してきましたが、ここでもう一度確認しておきましょう。

統計量：標本平均や標本分散など、標本から算出される値。
母平均：母集団から得られる平均値。通常は未知である。
母分散：母集団から得られる分散。通常は未知である。
母数（パラメータ）：母集団から得られた値。母集団の平均値や分散など、母集団を特徴づける数値。すなわち、母集団の持つ特性値。
抽出（サンプリング）：母集団から標本を取り出すこと。母集団から標本を抽出するとき、母集団のどの要素も等しい確率で選ばれるようにした抽出法を無作為抽出という。
個票：統計の調査結果を表にまとめたもの。個票は、何の加工もされていない最初の資料。
標本：母集団から抽出した一部のものを標本、標本に含まれるデータの個数をその標本の大きさ、標本を構成する個々のデータを個体という。
変量：資料の調査項目。変数ともいう。すなわち、資料を特徴づける調査項目。複数の変量についてのデータが納められた資料が「多変量の資料」、変量と変量の関係を分析するのが「多変量解析」。
回帰分析：多変量解析の一分野。

　多変量データにおいて、1変量を他の変量の関係式で表現し、その式によって資料の性質を調べるデータ分析法。回帰分析は、2変量からなる資料を対象にする「単回帰分析」と3変量以上からなる資料を対象にする「重回帰分析」に分けられる。

　単回帰分析の扱う資料は2変量であり、「散布図」として紙面に関係を描くことができる。その散布上の散らばりを直線や曲線で表し、その方程式で変量の関係を調べるのが「回帰分析」。その直線や曲線をそれ

（次ページへ続く）

それぞれ回帰直線、回帰曲線といい、それらを表す方程式を回帰方程式という。

相関：2変量の関係をいう。正の相関と負の相関がある。一方が増えれば他方も増えるというのが正の相関であり、逆が負の相関。

相関係数：2変量の関係を数値化したもの。

共分散：偏差（平均値からのバラツキ）の積を平均化した値。

分散分析：資料の分散を分析することで、データが偶然で得られたものか、何か作意があって得られたものかを検定する分析法。すなわち、統計的なバラツキのあるデータから効果を見極める手法で、実験の分析によく利用される。分散分析で数学的に使われるのが分散の分布（F分布）。

仮説：母集団の性質についての仮定。多くの場合、検定者が棄却したい仮説である帰無仮説のことを指す。その逆は対立仮説で、検定者が成立を予想する仮定である。

棄却域：検定において、仮説を誤りと判断（すなわち棄却）する確率変数の範囲のこと。標本値がその範囲に入れば、仮説は棄却される。

危険率：検定において、仮説が正しいにもかかわらずこれを棄ててしまう確率。確率分布において棄却域に相当する確率のこと。有意水準は危険率と同じ。

付録

付表1　正規分布表

0からZ（標準偏差を単位として）までに含まれる正規分布の面積$I(Z)$

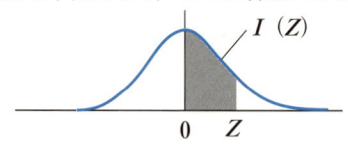

Z	0.00	0.01	0.02	0.03	0.04	0.05	0.06	0.07	0.08	0.09
+0.0	0.0000	0.0040	0.0080	0.0120	0.0160	0.0199	0.0239	0.0279	0.0319	0.0359
+0.1	0.0398	0.0438	0.0478	0.0517	0.0557	0.0596	0.0636	0.0675	0.0714	0.0753
+0.2	0.0793	0.0832	0.0871	0.0910	0.0948	0.0987	0.1026	0.1064	0.1103	0.1141
+0.3	0.1179	0.1217	0.1255	0.1293	0.1331	0.1368	0.1406	0.1443	0.1480	0.1517
+0.4	0.1554	0.1591	0.1628	0.1664	0.1700	0.1736	0.1772	0.1808	0.1844	0.1879
+0.5	0.1915	0.1950	0.1985	0.2019	0.2054	0.2088	0.2123	0.2157	0.2190	0.2224
+0.6	0.2257	0.2291	0.2324	0.2357	0.2389	0.2422	0.2454	0.2486	0.2517	0.2549
+0.7	0.2580	0.2611	0.2642	0.2673	0.2704	0.2734	0.2764	0.2794	0.2823	0.2852
+0.8	0.2881	0.2910	0.2939	0.2967	0.2995	0.3023	0.3051	0.3079	0.3106	0.3133
+0.9	0.3159	0.3186	0.3212	0.3238	0.3264	0.3289	0.3315	0.3340	0.3365	0.3389
+1.0	0.3413	0.3438	0.3461	0.3485	0.3508	0.3531	0.3554	0.3577	0.3599	0.3621
+1.1	0.3643	0.3665	0.3686	0.3708	0.3729	0.3749	0.3770	0.3790	0.3810	0.3830
+1.2	0.3849	0.3869	0.3888	0.3907	0.3925	0.3944	0.3962	0.3980	0.3997	0.4015
+1.3	0.4032	0.4049	0.4066	0.4082	0.4099	0.4115	0.4131	0.4147	0.4162	0.4177
+1.4	0.4192	0.4207	0.4222	0.4236	0.4251	0.4265	0.4279	0.4292	0.4306	0.4319
+1.5	0.4332	0.4345	0.4357	0.4370	0.4382	0.4394	0.4406	0.4418	0.4429	0.4441
+1.6	0.4452	0.4463	0.4474	0.4484	0.4495	0.4505	0.4515	0.4525	0.4535	0.4545
+1.7	0.4554	0.4564	0.4573	0.4582	0.4591	0.4599	0.4608	0.4616	0.4625	0.4633
+1.8	0.4641	0.4649	0.4656	0.4664	0.4671	0.4678	0.4686	0.4693	0.4699	0.4706
+1.9	0.4713	0.4719	0.4726	0.4732	0.4738	0.4744	0.4750	0.4756	0.4761	0.4767
+2.0	0.4773	0.4778	0.4783	0.4788	0.4793	0.4798	0.4803	0.4808	0.4812	0.4817
+2.1	0.4821	0.4826	0.4830	0.4834	0.4838	0.4842	0.4846	0.4850	0.4854	0.4857
+2.2	0.4861	0.4864	0.4868	0.4871	0.4875	0.4878	0.4881	0.4884	0.4887	0.4890
+2.3	0.4893	0.4896	0.4898	0.1901	0.4904	0.4906	0.4909	0.4911	0.4913	0.4916
+2.4	0.4918	0.4920	0.4922	0.4925	0.4927	0.4929	0.4931	0.4932	0.4934	0.4936
+2.5	0.4938	0.4940	0.4941	0.4943	0.4945	0.4946	0.4948	0.4949	0.4951	0.4952
+2.6	0.4953	0.4955	0.4956	0.4957	0.4959	0.4960	0.4961	0.4962	0.4963	0.4964
+2.7	0.4965	0.4966	0.4967	0.4968	0.4969	0.4970	0.4971	0.4972	0.4973	0.4974
+2.8	0.4974	0.4975	0.4976	0.4977	0.4977	0.4978	0.4979	0.4979	0.4980	0.4981
+2.9	0.4981	0.4982	0.4983	0.4983	0.4984	0.4984	0.4985	0.4985	0.4986	0.4986
+3.0	0.49865	0.49869	0.49874	0.49878	0.49882	0.49886	0.49889	0.49893	0.49896	0.49900

正規分布の値

Z	着色部の面積
0.0	0.0000
0.5	0.1915
1.0	0.3413
1.5	0.4332
2.0	0.4773
2.5	0.4938
3.0	0.49865
∞	0.50000

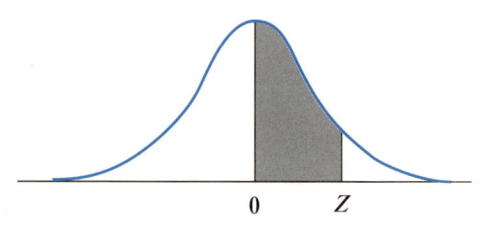

付表2　カイ2乗分布表

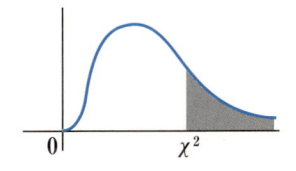

自由度 v	p=0.99	0.98	0.95	0.90	0.20	0.10	0.05	0.02	0.01
1	0.000157	0.000628	0.00393	0.0158	1.642	2.706	3.841	5.412	6.635
2	0.0201	0.0404	0.103	0.211	3.219	4.605	5.991	7.824	9.210
3	0.115	0.185	0.352	0.584	4.642	6.251	7.815	9.837	11.341
4	0.297	0.429	0.711	1.064	5.989	7.779	9.488	11.668	13.277
5	0.554	0.752	1.145	1.610	7.289	9.236	11.070	13.388	15.086
6	0.872	1.134	1.635	2.204	8.558	10.645	12.592	15.033	16.812
7	1.239	1.564	2.167	2.833	9.803	12.017	14.067	16.622	18.475
8	1.646	2.032	2.733	3.490	11.030	13.362	15.507	18.168	20.090
9	2.088	2.532	3.325	4.168	12.242	14.684	16.919	19.679	21.666
10	2.558	3.059	3.940	4.865	13.442	15.987	18.307	21.161	23.209
11	3.053	3.609	4.575	5.578	14.631	17.275	19.675	22.618	24.725
12	3.571	4.178	5.226	6.304	15.812	18.549	21.026	24.054	26.217
13	4.107	4.765	5.892	7.042	16.985	19.812	22.362	25.472	27.688
14	4.660	5.368	6.571	7.790	18.151	21.064	23.685	26.873	29.141
15	5.229	5.985	7.261	8.547	19.311	22.307	24.996	28.259	30.578
16	5.812	6.614	7.962	9.312	20.465	23.542	26.296	29.633	32.000
17	6.408	7.255	8.672	10.085	21.615	24.769	27.587	30.995	33.409
18	7.015	7.906	9.390	10.865	22.760	25.989	28.869	32.346	34.805
19	7.633	8.567	10.117	11.651	23.900	27.204	30.144	33.687	36.191
20	8.260	9.237	10.851	12.443	25.038	28.412	31.410	35.020	37.566
21	8.897	9.915	11.591	13.240	26.171	29.615	32.671	36.343	38.932
22	9.542	10.600	12.338	14.041	27.301	30.813	33.924	37.659	40.289
23	10.196	11.293	13.091	14.848	28.429	32.007	35.172	38.968	41.638
24	10.856	11.992	13.848	15.659	29.553	33.196	36.415	40.270	42.980
25	11.524	12.697	14.611	16.473	30.675	34.382	37.652	41.566	44.314
26	12.198	13.409	15.739	17.292	31.795	35.563	38.885	42.856	45.642
27	12.879	14.125	16.151	18.114	32.912	36.741	40.113	44.140	46.963
28	13.565	14.847	16.928	18.939	34.027	37.916	41.337	45.419	48.278
29	14.256	15.574	17.708	19.768	35.139	39.087	42.557	49.693	49.588
30	14.953	16.306	18.493	20.599	36.250	40.256	43.773	47.962	50.892

付表3　F分布表（上側確率0.05）

ϕ_2 \ ϕ_1	1	2	3	4	5	6	7	8	9	10	12	15	20	30	40	60
1	161.	200.	216.	225.	230.	234.	237.	239.	241.	242.	244.	246.	248.	250.	251.	252.
2	18.5	19.0	19.2	19.2	19.3	19.3	19.4	19.4	19.4	19.4	19.4	19.4	19.4	19.5	19.5	19.5
3	10.1	9.55	9.28	9.12	9.01	8.94	8.89	8.85	8.81	8.79	8.74	8.70	8.66	8.62	8.59	8.57
4	7.71	6.94	6.59	6.39	6.26	6.16	6.09	6.04	6.00	5.96	5.91	5.86	5.80	5.75	5.72	5.69
5	6.61	5.79	5.41	5.19	5.05	4.95	4.88	4.82	4.77	4.74	4.68	4.62	4.56	4.50	4.46	4.43
6	5.99	5.14	4.76	4.53	4.39	4.28	4.21	4.15	4.10	4.06	4.00	3.94	3.87	3.81	3.77	3.74
7	5.59	4.74	4.35	4.12	3.97	3.87	3.79	3.73	3.68	3.64	3.57	3.51	3.44	3.38	3.34	3.30
8	5.32	4.46	4.07	3.84	3.69	3.58	3.50	3.44	3.39	3.35	3.28	3.22	3.15	3.08	3.04	3.01
9	5.12	4.26	3.86	3.63	3.48	3.37	3.29	3.23	3.18	3.14	3.07	3.01	2.94	2.86	2.83	2.79
10	4.96	4.10	3.71	3.48	3.33	3.22	3.14	3.07	3.02	2.98	2.91	2.84	2.77	2.70	2.66	2.62
11	4.84	3.98	3.59	3.36	3.20	3.09	3.01	2.95	2.90	2.85	2.79	2.72	2.65	2.57	2.53	2.49
12	4.75	3.89	3.49	3.26	3.11	3.00	2.91	2.85	2.80	2.75	2.69	2.62	2.54	2.47	2.43	2.38
13	4.67	3.81	3.41	3.18	3.03	2.92	2.83	2.77	2.71	2.67	2.60	2.53	2.46	2.38	2.34	2.30
14	4.60	3.74	3.34	3.11	2.96	2.85	2.76	2.70	2.65	2.60	2.53	2.46	2.39	2.31	2.27	2.22
15	4.54	3.68	3.29	3.06	2.90	2.79	2.71	2.64	2.59	2.54	2.48	2.40	2.33	2.25	2.20	2.16
16	4.49	3.63	3.24	3.01	2.85	2.74	2.66	2.59	2.54	2.49	2.42	2.35	2.28	2.19	2.15	2.11
17	4.45	3.59	3.20	2.96	2.81	2.70	2.61	2.55	2.49	2.45	2.38	2.31	2.23	2.15	2.10	2.06
18	4.41	3.55	3.16	2.93	2.77	2.66	2.58	2.51	2.46	2.41	2.34	2.27	2.19	2.11	2.06	2.02
19	4.38	3.52	3.13	2.90	2.74	2.63	2.54	2.48	2.42	2.38	2.31	2.23	2.16	2.07	2.03	1.98
20	4.35	3.49	3.10	2.87	2.71	2.60	2.51	2.45	2.39	2.35	2.28	2.20	2.12	2.04	1.99	1.95
21	4.32	3.47	3.07	2.84	2.68	2.57	2.49	2.42	2.37	2.32	2.25	2.18	2.10	2.01	1.96	1.92
22	4.30	3.44	3.05	2.82	2.66	2.55	2.46	2.40	2.34	2.30	2.23	2.15	2.07	1.98	1.94	1.89
23	4.28	3.42	3.03	2.80	2.64	2.53	2.44	2.37	2.32	2.27	2.20	2.13	2.05	1.96	1.91	1.86
24	4.26	3.40	3.01	2.78	2.62	2.51	2.42	2.36	2.30	2.25	2.18	2.11	2.03	1.94	1.89	1.84
25	4.24	3.39	2.99	2.76	2.60	2.49	2.40	2.34	2.28	2.24	2.16	2.09	2.01	1.92	1.87	1.82
26	4.23	3.37	2.98	2.74	2.59	2.47	2.39	2.32	2.27	2.22	2.15	2.07	1.99	1.90	1.85	1.80
27	4.21	3.35	2.96	2.73	2.57	2.46	2.37	2.31	2.25	2.20	2.13	2.06	1.97	1.88	1.84	1.79
28	4.20	3.34	2.95	2.71	2.56	2.45	2.36	2.29	2.24	2.19	2.12	2.04	1.96	1.87	1.82	1.77
29	4.18	3.33	2.93	2.70	2.55	2.43	2.35	2.28	2.22	2.18	2.10	2.03	1.94	1.85	1.81	1.75
30	4.17	3.32	2.92	2.69	2.53	2.42	2.33	2.27	2.21	2.16	2.09	2.01	1.93	1.84	1.79	1.74

付表4　F分布表（上側確率0.01）

ϕ_2 \ ϕ_1	1	2	3	4	5	6	7	8	9	10	12	15	20	30	40	60
1	4052.	5000.	5403.	5625.	5764.	5859.	5928.	5982.	6022.	6056.	6106.	6157.	6209.	6261.	6287.	6313.
2	98.5	99.0	99.2	99.2	99.3	99.3	99.4	99.4	99.4	99.4	99.4	99.4	99.4	99.5	99.5	99.5
3	34.1	30.8	29.5	28.7	28.2	27.9	27.7	27.5	27.3	27.2	27.1	26.9	26.7	26.5	26.4	26.3
4	21.2	18.0	16.7	16.0	15.5	15.2	15.0	14.8	14.7	14.5	14.4	14.2	14.0	13.8	13.7	13.7
5	16.3	13.3	12.1	11.4	11.0	10.7	10.5	10.3	10.2	10.1	9.89	9.72	9.55	9.38	9.29	9.20
6	13.7	10.9	9.78	9.15	8.75	8.47	8.26	8.10	7.98	7.87	7.72	7.56	7.40	7.23	7.14	7.06
7	12.2	9.55	8.45	7.85	7.46	7.19	6.99	6.84	6.72	6.62	6.47	6.31	6.16	5.99	5.91	5.82
8	11.3	8.65	7.59	7.01	6.63	6.37	6.18	6.03	5.91	5.81	5.67	5.52	5.36	5.20	5.12	5.03
9	10.6	8.02	6.99	6.42	6.06	5.80	5.61	5.47	5.35	5.26	5.11	4.96	4.81	4.65	4.57	4.48
10	10.0	7.56	6.55	5.99	5.64	5.39	5.20	5.06	4.94	4.85	4.71	4.56	4.41	4.25	4.17	4.08
11	9.65	7.21	6.22	5.67	5.32	5.07	4.89	4.74	4.63	4.54	4.40	4.25	4.10	3.94	3.86	3.78
12	9.33	6.93	5.95	5.41	5.06	4.82	4.64	4.50	4.39	4.30	4.16	4.01	3.86	3.70	3.62	3.54
13	9.07	6.70	5.74	5.21	4.86	4.62	4.44	4.30	4.19	4.10	3.96	3.82	3.66	3.51	3.43	3.34
14	8.86	6.51	5.56	5.04	4.70	4.46	4.28	4.14	4.03	3.94	3.80	3.66	3.51	3.35	3.27	3.18
15	8.68	6.36	5.42	4.89	4.56	4.32	4.14	4.00	3.89	3.80	3.67	3.52	3.37	3.21	3.13	3.05
16	8.53	6.23	5.29	4.77	4.44	4.20	4.03	3.89	3.78	3.69	3.55	3.41	3.26	3.10	3.02	2.93
17	8.40	6.11	5.18	4.67	4.34	4.10	3.93	3.79	3.68	3.59	3.46	3.31	3.16	3.00	2.92	2.83
18	8.29	6.01	5.09	4.58	4.25	4.01	3.84	3.71	3.60	3.51	3.37	3.23	3.08	2.92	2.84	2.75
19	8.18	5.93	5.01	4.50	4.17	3.94	3.77	3.63	3.52	3.43	3.30	3.15	3.00	2.84	2.76	2.67
20	8.10	5.85	4.94	4.43	4.10	3.87	3.70	3.56	3.46	3.37	3.23	3.09	2.94	2.78	2.69	2.61
21	8.02	5.78	4.87	4.37	4.04	3.81	3.64	3.51	3.40	3.31	3.17	3.03	2.88	2.72	2.64	2.55
22	7.95	5.72	4.82	4.31	3.99	3.76	3.59	3.45	3.35	3.26	3.12	2.98	2.83	2.67	2.58	2.50
23	7.88	5.66	4.76	4.26	3.94	3.71	3.54	3.41	3.30	3.21	3.07	2.93	2.78	2.62	2.54	2.45
24	7.82	5.61	4.72	4.22	3.90	3.67	3.50	3.36	3.26	3.17	3.03	2.89	2.74	2.58	2.49	2.40
25	7.77	5.57	4.68	4.18	3.86	3.63	3.46	3.32	3.22	3.13	2.99	2.85	2.70	2.54	2.45	2.36
26	7.72	5.53	4.64	4.14	3.82	3.59	3.42	3.29	3.18	3.09	2.96	2.82	2.66	2.50	2.42	2.33
27	7.68	5.49	4.60	4.11	3.78	3.56	3.39	3.26	3.15	3.06	2.93	2.78	2.63	2.47	2.38	2.29
28	7.64	5.45	4.57	4.07	3.75	3.53	3.36	3.23	3.12	3.03	2.90	2.75	2.60	2.44	2.35	2.26
29	7.60	5.42	4.54	4.04	3.73	3.50	3.33	3.20	3.09	3.00	2.87	2.73	2.57	2.41	2.33	2.23
30	7.56	5.39	4.51	4.02	3.70	3.47	3.30	3.17	3.07	2.98	2.84	2.70	2.55	2.39	2.30	2.21

付表5　t分布表

両すその面積がPになるようなtの値

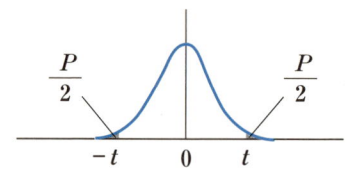

P φ	0.50	0.40	0.30	0.20	0.10	0.05	0.02	0.01	0.001	P φ
1	1.000	1.376	1.963	3.078	6.314	12.706	31.821	63.657	636.619	1
2	0.816	1.061	1.386	1.886	2.920	4.303	6.965	9.925	31.598	2
3	0.756	0.978	1.250	1.638	2.353	3.182	4.541	5.841	12.941	3
4	0.741	0.941	1.190	1.533	2.132	2.776	3.747	4.604	8.610	4
5	0.727	0.920	1.156	1.476	2.015	2.571	3.365	4.032	6.859	5
6	0.718	0.906	1.134	1.440	1.943	2.447	3.143	3.707	5.959	6
7	0.711	0.896	1.119	1.415	1.895	2.365	2.998	3.499	5.405	7
8	0.706	0.889	1.108	1.397	1.860	2.306	2.896	3.355	5.041	8
9	0.703	0.883	1.100	1.383	1.833	2.262	2.821	3.250	4.781	9
10	0.700	0.879	1.093	1.372	1.812	2.228	2.764	3.169	4.587	10
11	0.697	0.876	1.088	1.363	1.796	2.201	2.718	3.106	4.437	11
12	0.695	0.873	1.083	1.356	1.782	2.179	2.681	3.055	4.318	12
13	0.694	0.870	1.079	1.350	1.771	2.160	2.650	3.012	4.221	13
14	0.692	0.868	1.076	1.345	1.761	2.145	2.624	2.977	4.140	14
15	0.691	0.866	1.074	1.341	1.753	2.131	2.602	2.947	4.073	15
16	0.690	0.865	1.071	1.337	1.746	2.120	2.583	2.921	4.015	16
17	0.689	0.863	1.069	1.333	1.740	2.110	2.567	2.898	3.965	17
18	0.688	0.862	1.067	1.330	1.734	2.101	2.552	2.878	3.922	18
19	0.688	0.861	1.066	1.328	1.729	2.093	2.539	2.861	3.883	19
20	0.687	0.860	1.064	1.325	1.725	2.086	2.528	2.845	3.850	20
21	0.686	0.859	1.063	1.323	1.721	2.080	2.518	2.831	3.819	21
22	0.686	0.858	1.061	1.321	1.717	2.074	2.508	2.819	3.792	22
23	0.685	0.858	1.060	1.319	1.714	2.069	2.500	2.807	3.767	23
24	0.685	0.857	1.059	1.318	1.711	2.064	2.492	2.797	3.745	24
25	0.684	0.856	1.058	1.316	1.708	2.060	2.485	2.787	3.725	25
26	0.684	0.856	1.058	1.315	1.706	2.056	2.479	2.779	3.707	26
27	0.684	0.855	1.057	1.314	1.703	2.052	2.473	2.771	3.690	27
28	0.683	0.855	1.056	1.313	1.701	2.048	2.467	2.763	3.674	28
29	0.683	0.854	1.055	1.311	1.699	2.045	2.462	2.756	3.659	29
30	0.683	0.854	1.055	1.310	1.697	2.042	2.457	2.750	3.646	30
40	0.681	0.851	1.050	1.303	1.684	2.021	2.423	2.704	3.551	40
60	0.679	0.848	1.046	1.296	1.671	2.000	2.390	2.660	3.460	60
120	0.677	0.845	1.041	1.289	1.658	1.980	2.358	2.617	3.373	120
∞	0.674	0.842	1.036	1.282	1.645	1.960	2.326	2.576	3.291	∞

◆参考文献

1) 大村 平『実験計画と分散分析のはなし』（1985）日科技連出版社
2) 涌井良幸・涌井貞美『これならわかる統計学』（2010）ナツメ社
3) 涌井良幸『統計解析がわかった』（2008）日本実業出版社
4) 前野昌弘『実験計画法レクチャーノート』（1985）日刊工業新聞社

◆さらに進んで勉強したい方のための本

1) 石村貞夫『分散分析のはなし』（1989）東京図書
2) 石村貞夫『すぐわかる統計解析』（1993）東京図書
3) 大村 平『ビジネス数学のはなし』（1994）日科技連出版社

索 引

英字・数字

2^n型直交配列表……………… 116

あ行

一元配置実験……………………… 91
因子………………………………… 88

か行

回帰………………………………… 47
回帰直線…………………………… 47
回帰方程式………………………… 47
カテゴリーデータ………………… 13
共分散……………………………… 20
局所管理…………………………… 93
偶然誤差…………………………… 98
計数値……………………………… 13
系統誤差…………………………… 98
計量値……………………………… 13
決定係数…………………………… 83
ケンドールの順位相関係数…… 41

交互作用………………………… 120
誤差………………………………… 88
個体………………………………… 12
個票………………………………… 12

さ行

残差平方和………………………… 62
散布図……………………………… 10
時系列データ……………………… 58
指数曲線…………………………… 66
実験計画法………………………… 88
重回帰……………………………… 71
重回帰分析………………………… 71
重相関係数………………………… 72
自由度……………………………… 70
主効果…………………………… 117
水準………………………………… 88
数量データ………………………… 13
スピアマンの順位相関係数…… 35
正の相関…………………………… 17
説明変数…………………………… 49

線点図	135	フィッシャーの3原則	92
相関関係がある	10	負の相関	17
相関係数	20	変数	12
相関図	10	変量	72

た行

多変量	72, 81		
単回帰分析	72		
直交配列表実験	91		
データ	12		
特性	91		

ま行

無作為化	93
無相関	15
目的変数	71

や行

有意	31
要因	72
要因配置型	91

な行

二元配置実験	91

は行

反復	92
ピアソンの（積率）相関係数	20

ら行

ラテン方格	104
レベル	88

■**著者プロフィール**
前野 昌弘（まえの・まさひろ）
兵庫県神戸市出身
東京大学大学院工学系研究科修了（工学博士）
化学系企業の研究所長を歴任後、東京理科大学材料工学科
教授および米国イリノイ州立大学客員教授

■**主な著書**
『実験計画法レクチャーノート』（日刊工業新聞社）
『図解でわかる統計解析』（前野昌弘・三国 彰／日本実業出版社）など20数冊。

■**研究実績**
論文、発明特許、研究の企業化に対し、多数受賞。
現在、公立技術センターにて研究指導に当たる。

知識ゼロでもわかる統計学
直線と曲線でデータの傾向をつかむ
回帰分析超入門

2012年2月1日　　初版　第1刷発行

著　者　前野　昌弘
発行者　片岡　巌
発行所　株式会社技術評論社
　　　　東京都新宿区市谷左内町21-13
　　　　電話　03-3513-6150　販売促進部
　　　　　　　03-3267-2270　書籍編集部
印刷／製本　港北出版印刷株式会社

定価はカバーに表示してあります。

本書の一部または全部を著作権法の定める範囲を超え、無断で複写、複製、転載、テープ化、ファイル に落とすことを禁じます。
©2012　Masahiro Maeno

造本には細心の注意を払っておりますが、万一、乱丁（ページの乱れ）や落丁（ページの抜け）がございましたら、小社販売促進部までお送りください。送料小社負担にてお取り替えいたします。

● 装丁　小島トシノブ／齊藤四歩（NONdesign）
● 本文デザイン、DTP　株式会社 マッドハウス
● イラスト　阪本純代（Studio Sue）

ISBN978-4-7741-4962-2　C3041

Printed in Japan